JN335647

薩摩 順吉・藤原 毅夫・三村 昌泰・四ツ谷 晶二　編集

理工系の数理

数 値 計 算

柳田 英二・中木 達幸・三村 昌泰 共　著

東京　裳 華 房　発行

NUMERICAL COMPUTATION

by

EIJI YANAGIDA

TATSUYUKI NAKAKI

MASAYASU MIMURA

SHOKABO

TOKYO

編 集 趣 旨

　数学は科学を語るための重要な言葉である．自然現象や工学的対象をモデル化し解析する際には，数学的な定式化が必須である．そればかりでない．社会現象や生命現象を語る際にも，数学的な言葉がよく使われるようになってきている．そのために，大学においては理系のみならず一部の文系においても数学がカリキュラムの中で大きな位置を占めている．

　近年，初等中等教育で数学の占める割合が低下するという由々しき事態が生じている．数学は積み重ねの学問であり，基礎過程で一部分を省略することはできない．着実な学習を行って，将来数学が使いこなせるようになる．

　21 世紀は情報の世紀であるともいわれる．コンピュータの実用化は学問の内容だけでなく，社会生活のあり方までも変えている．コンピュータがあるから数学を軽視してもよいという識者もいる．しかし，情報はその基礎となる何かがあって初めて意味をもつ．情報化時代にブラックボックスの中身を知ることは特に重要であり，数学の役割はこれまで以上に大きいと考える．

　こうした時代に，将来数学を使う可能性のある読者を対象に，必要な数学をできるだけわかりやすく学習していただけることを目標として刊行したのが本シリーズである．豊富な問題を用意し，手を動かしながら理解を進めていくというスタイルを採った．

　本シリーズは，数学を専らとする者と数学を応用する者が協同して著すという点に特色がある．数学的な内容はおろそかにせず，かつ応用を意識した内容を盛り込む．そのことによって，将来のための確固とした知識と道具を身に付ける助けとなれば編者の喜びとするところである．読者の御批判を仰ぎたい．

2004 年 10 月

編　者

まえがき

　科学技術の発展の過程において，理論的な考察や実験とともに，数値計算は重要な役割を果たしてきた．コンピュータが開発される以前には，手計算や手動の計算機（そろばん，計算尺，手回し計算機など）によって，できるだけ手間を省く工夫をしながら数値計算を行なっていた．初期のコンピュータの乏しいパワーと記憶容量のもとでは，いかに計算の効率を良くし，メモリーを節約するかが重要であったが，コンピュータの進化とともに，数値計算は現代の理工学において極めて強力な道具となっている．

　コンピュータの計算速度の向上と，記憶容量の急激な増加は，数値計算の方法や目的にも多くの影響を与えた．最近は，市販のパッケージを使えば比較的簡単にいろいろな数値計算を行なうことが可能である．例えば，一昔前ならばプログラミング言語の知識が必要だった計算であっても，表計算ソフトを用いてある程度は実行できるようになってきた．しかしながら，このような汎用のソフトウェアでは，本来の目的に沿った方法で計算を実行しているのかどうかは，すぐにはわからないことが多い．また，数値計算によって得られた結果がどのような意味をもっているのかを知るには，数値計算の仕組みを知っておくことが重要である．

　一方，数値計算の理論は数学との関係についても興味深い点がある．数値計算法の開発や効率化，誤差の評価には，数学を用いた理論的な考察は欠かせない．一方，数学的に正しいからといって，数値計算の立場から見て良いとは限らない面もある．数学的には解が存在し，その計算方法が確立されていたとしても，実際の計算に時間がかかりすぎれば，それは数値計算の立場からは良い方法とはいえない．コンピュータの処理能力は驚異的なスピードで向上し，つい数年前の基準ではスーパーコンピュータ並みの能力をもつようなパソコンが出現しているが，このような進歩をもってしても，効率の悪

いやり方をしては，やはり時間がかかりすぎることはある．

数値計算は主に実用的な目的から発展したといってよいが，数値計算技術と理論の発展やコンピュータの能力の向上とともに，その目的も多方面に拡がってきた．単に数値を計算したいというだけでなく，複雑で大規模なシステムをモデル化し，数値的にシミュレーションを行なうことにより，現象そのものをコンピュータ上に再現することができるようになった．これにより，理論的な考察や普通の実験によっては解明できないような本質の解明や，新しい発見を導くこともしばしばである．

本書の目的は，数値計算の基本的な手法を紹介することにあるが，数値計算を単なる道具として見るのではなく，数学的な面からも理解できるように解説した．そのため，解くべき問題の数学的背景については初等的なレベルから解説し，数学的な知識が乏しい読者にとっても敷居が低くなるようにした．一方で，背後にある高度な数学的理論についても，証明抜きではあるが，できるだけ丁寧に説明し，数値計算の考え方に使われている数学の重要性を理解できるようにした．

本書では，以下のような項目を扱う．

　　　第1章　数値の誤差と計算
　　　第2章　非線形方程式
　　　第3章　代数方程式
　　　第4章　連立1次方程式
　　　第5章　行列の固有値問題
　　　第6章　定積分
　　　第7章　常微分方程式
　　　第8章　偏微分方程式

各章はできるだけ独立になるように努め，各章の始めにおいて，その問題の背景，数値計算の手法，背後にある数学的な理論について解説した．

本書では扱わなかった話題もある．例えば，乱数の発生や高速フーリエ変換などは割愛せざるを得なかった．著者らの専門分野を反映して，微分方程式および偏微分方程式については，他のトピックに比べてやや詳しく解説したが，扱えなかった話題も多い．特に，偏微分方程式にはいろいろな種類の重要な問題があるが，その手法は問題によって異なり，また 1 つの手法が深い数学的理論と多くの技法の組み合わせによる大がかりなものが多い．そのため，本書では簡単な例を取り上げて考え方を説明するにとどめ，実際に偏微分方程式に関する数値計算を行ないたい読者は，他の専門書にまかせることにした．

　本書では，実際にプログラムを作成して行なった数値計算結果を載せてあるが，プログラムを作成するための大まかな方針のみを示してあり，実際のプログラムは掲載していない．そこで，実際に自分でプログラムを組んで数値計算を行ないたいという読者のために，例題についてはそのプログラムを裳華房のホームページで公開することにした．興味のある読者は

http://www.shokabo.co.jp/support/

よりプログラムをダウンロードし，実際にそれをコンピュータ上で走らせたり，それを参考にしてご自身の問題を解くためのプログラム作成に役立てて頂ければ幸いである．

　なお，宮崎大学工学部の出原浩史氏には，実際にプログラムを作成して頂くとともに，原稿を通読して多くの有益なご指摘を頂いた．また，査読担当の藤原毅夫先生と，すでに退職された裳華房編集部の細木周治氏，同編集部の小野達也氏，久米大郎氏からは，原稿について貴重なご助言やご意見を頂いた．ここに感謝の意を表したい．

2014 年 9 月

著　者

目　　次

第1章　数値の誤差と計算

1.1 数値計算 …………………………………………………… 2
   1.1.1 数値計算とは ………………………………………… 2
   1.1.2 数値計算の必要性 …………………………………… 3
   1.1.3 良い数値計算とは …………………………………… 4
1.2 数値と誤差 ………………………………………………… 6
   1.2.1 数値の表現 …………………………………………… 6
   1.2.2 誤差 …………………………………………………… 7
1.3 誤差の発生 ………………………………………………… 8
   1.3.1 誤差の分類 …………………………………………… 8
   1.3.2 桁落ち ………………………………………………… 9
1.4 誤差の伝播と累積 ………………………………………… 10
   1.4.1 誤差の伝播 …………………………………………… 10
   1.4.2 誤差の累積 …………………………………………… 12

第2章　非線形方程式

2.1 逐次近似法 ………………………………………………… 16
   2.1.1 非線形方程式の解の逐次近似 ……………………… 16
   2.1.2 収束の速さと次数 …………………………………… 17
   2.1.3 計算停止の基準 ……………………………………… 18
2.2 二分法 ……………………………………………………… 19
   2.2.1 二分法とは …………………………………………… 19
   2.2.2 二分法に関する注意 ………………………………… 22

　　　　2.2.3　線形逆補間法 ……………………………… 23
　2.3　代入法 ………………………………………………… 24
　　　　2.3.1　変換関数と代入法 …………………………… 24
　　　　2.3.2　収束の条件 …………………………………… 26
　　　　2.3.3　変換関数についての注意 …………………… 29
　2.4　加速法 ………………………………………………… 31
　　　　2.4.1　エイトケンの加速法 ………………………… 31
　　　　2.4.2　エイトケンの加速法の数学的証明 ………… 33
　2.5　ニュートン法 ………………………………………… 34
　　　　2.5.1　ニュートン法 ………………………………… 34
　　　　2.5.2　ニュートン法の収束 ………………………… 36
　2.6　連立非線形方程式 …………………………………… 39
　　　　2.6.1　2次元ニュートン法 ………………………… 39
　　　　2.6.2　多元連立非線形方程式 ……………………… 42
　　　　2.6.3　変換写像と不動点 …………………………… 43
　　　　2.6.4　縮小写像 ……………………………………… 45
　　　　2.6.5　高次元ニュートン法 ………………………… 47

第3章　代数方程式

　3.1　代数方程式の性質 …………………………………… 50
　　　　3.1.1　代数方程式 …………………………………… 50
　　　　3.1.2　解の公式 ……………………………………… 50
　3.2　1次因子の組立除法 ………………………………… 51
　　　　3.2.1　複素ニュートン法 …………………………… 51
　　　　3.2.2　1次因子の組立除法 ………………………… 53
　3.3　2次因子の組立除法 ………………………………… 55
　　　　3.3.1　係数が実数の場合 …………………………… 55

3.3.2　2次因子の計算　………………………　56
　　　3.3.3　ベアストウ – ヒッチコック法　………………　57
　3.4　すべての解を同時に求める方法　………………………　60
　　　3.4.1　デュラン – カーナー法　………………………　60
　　　3.4.2　初期値の選び方　………………………………　61

第4章　連立1次方程式

　4.1　線形代数の基礎　………………………………………　66
　　　4.1.1　ベクトルと行列　…………………………………　66
　　　4.1.2　行列の演算　………………………………………　67
　　　4.1.3　行列式　……………………………………………　69
　4.2　連立1次方程式　………………………………………　71
　　　4.2.1　連立1次方程式の数学的基礎　…………………　71
　　　4.2.2　クラーメルの公式と計算量　……………………　73
　4.3　ガウスの消去法　………………………………………　75
　　　4.3.1　前進過程と後進過程　……………………………　75
　　　4.3.2　ガウスの消去法の計算量　………………………　79
　4.4　ピボットの選択　………………………………………　81
　　　4.4.1　ピボット　…………………………………………　81
　　　4.4.2　優対角行列　………………………………………　84
　4.5　LU分解　………………………………………………　86
　　　4.5.1　LU分解とは　……………………………………　86
　　　4.5.2　LU分解を用いた解法　…………………………　89
　　　4.5.3　三角行列　…………………………………………　94
　4.6　逐次近似法　……………………………………………　95
　　　4.6.1　反復法　……………………………………………　95
　　　4.6.2　ヤコビ法　…………………………………………　97

4.6.3　ガウス – ザイデル法 …………………………… 98
　　　4.6.4　SOR法 …………………………………………… 99
　4.7　誤差の評価 …………………………………………………… 101
　　　4.7.1　誤差と残差 ……………………………………… 101
　　　4.7.2　条件数 …………………………………………… 105

第5章　行列の固有値問題

　5.1　行列の固有値 ………………………………………………… 108
　　　5.1.1　固有値と固有ベクトル ………………………… 108
　　　5.1.2　実対称行列と対角化 …………………………… 109
　5.2　実対称行列の固有値問題 …………………………………… 112
　　　5.2.1　回転行列による変換 …………………………… 112
　　　5.2.2　ヤコビ法 ………………………………………… 116
　5.3　一般の行列の固有値問題 …………………………………… 118
　　　5.3.1　支配的固有値とべき乗法 ……………………… 118
　　　5.3.2　絶対値が最小の固有値と逆べき乗法 ………… 121

第6章　定積分

　6.1　積分公式と次数 ……………………………………………… 124
　　　6.1.1　数値積分の必要性 ……………………………… 124
　　　6.1.2　積分公式とその次数 …………………………… 125
　6.2　補間多項式と積分公式 ……………………………………… 127
　　　6.2.1　補間多項式 ……………………………………… 127
　　　6.2.2　ラグランジュ補間 ……………………………… 129
　6.3　中点公式 ……………………………………………………… 131
　　　6.3.1　中点公式 ………………………………………… 131

目次 xiii

    6.3.2　複合中点公式 …………………………… 132
    6.3.3　中点公式の誤差 …………………………… 134
6.4　台形公式 …………………………………………… 136
    6.4.1　台形公式 …………………………………… 136
    6.4.2　複合台形公式 ……………………………… 138
    6.4.3　台形公式の誤差 …………………………… 139
6.5　高次のニュートン-コーツ型積分公式 …………… 141
    6.5.1　シンプソンの公式 ………………………… 141
    6.5.2　シンプソンの3/8公式とブールの公式 …… 144
6.6　ガウス型積分公式 ………………………………… 146
    6.6.1　ガウス型積分公式の考え方 ……………… 146
    6.6.2　ガウス型積分公式の次数 ………………… 150
    6.6.3　ガウス型積分公式の誤差 ………………… 153

第7章　常微分方程式

7.1　常微分方程式の解と離散近似 …………………… 156
    7.1.1　常微分方程式の例 ………………………… 156
    7.1.2　初期値問題の解の存在 …………………… 159
    7.1.3　解の離散近似 ……………………………… 163
7.2　オイラー法 ………………………………………… 165
    7.2.1　オイラー法の考え方 ……………………… 165
    7.2.2　陽的な1段法による誤差 ………………… 167
    7.2.3　定理7.4の証明 ……………………………… 170
7.3　ルンゲ-クッタ法 …………………………………… 171
    7.3.1　ルンゲ-クッタ法の考え方 ………………… 171
    7.3.2　ホイン法とルンゲ-クッタ法 ……………… 173
7.4　線形多段法と予測子修正子法 …………………… 176

7.4.1 線形多段法の考え方 …… 176
7.4.2 線形多段法の具体例 …… 177
7.4.3 予測子修正子法 …… 179
7.5 数値解法の安定性 …… 181
7.5.1 陽的な1段法の安定性 …… 181
7.5.2 線形多段法の安定性 …… 182
7.5.3 各種の公式の安定性 …… 185
7.6 連立常微分方程式と高階常微分方程式 …… 186
7.6.1 連立常微分方程式 …… 186
7.6.2 高階常微分方程式 …… 188
7.7 非自励系 …… 190
7.7.1 非自励系の常微分方程式 …… 190
7.7.2 非自励系に対する数値解法 …… 191

第8章　偏微分方程式

8.1 偏微分と偏微分方程式 …… 196
8.1.1 偏微分 …… 196
8.1.2 偏微分方程式 …… 197
8.1.3 差分法 …… 198
8.2 ポアソン方程式に対する差分法 …… 200
8.2.1 ポアソン方程式 …… 200
8.2.2 2点境界値問題 …… 201
8.2.3 差分法の誤差 …… 203
8.2.4 長方形領域における境界値問題 …… 204
8.3 熱方程式に対する差分法 …… 209
8.3.1 初期条件と境界条件 …… 209
8.3.2 各種の差分法 …… 210

8.3.3　3つの方法の比較	……………………………	214
8.3.4　ノイマン境界条件	……………………………	217
8.4　差分法の安定法	……………………………	220
8.4.1　安定性解析のための準備	……………………………	220
8.4.2　安定性	……………………………	222
参考文献	……………………………………………	225
後書き	……………………………………………	227
索引	……………………………………………	229

記 号 一 覧

$\mathbf{R}$ ： 実数の集合
$\mathbf{R}^d$ ： d 次元ユークリッド空間
$\mathbf{C}$ ： 複素数の集合
$\mathbf{N}$ ： 自然数の集合
$\simeq$ ： 近似
x^t ： 真の値
e_x ： x に含まれる誤差
$f(\cdot)$ ： 非線形関数
f_x, f_y, g_x, g_y ： 偏微分係数
J ： ヤコビ行列
I_n ： n 次単位行列
A^T ： 行列 A の転置行列
$\|\cdot\|$ ： ベクトルや行列のノルム
$\det A$ ： 行列式
L ： 下三角行列
U ： 上三角行列
D ： 対角行列
T ： 反復行列

$\mathrm{cond}(A)$ ： 条件数
$L_i(x)$ ： ラグランジュの多項式
$I[f]$ ： 積分値
$I_n[f]$ ： 積分公式
$I_C[f]$ ： 複合中点公式
$I_T[f]$ ： 複合台形公式
$I_S[f]$ ： 複合シンプソン公式
$P_n(x)$ ： ルジャンドルの多項式
$O(\cdot)$ ： ランダウの記号
τ_i ： 局所離散化誤差
τ ： 大域離散化誤差
Ω ： 領域
$\partial\Omega$ ： 領域 Ω の境界
Δ ： ラプラス作用素
　　　（ラプラシアン）
$\varDelta$ ： 差分作用素

第1章

数値の誤差と計算

　コンピュータの進化とともに，数値計算は現代の理工学において極めて強力な道具となっている．特に，数学的に厳密な取り扱いができない場合や手計算では時間がかかりすぎる場合には，数値計算は欠かすことのできないものとなる．この章では，まず数値計算とは何かについて説明した後，数値計算の目的や方法について一般的に解説する．次に，コンピュータで数値をどのように扱うかについて説明し，数値計算では避けることのできない誤差について，いくつかの用語を導入する．また，計算の過程において誤差が発生するメカニズムと，一旦発生した誤差がその後の計算にどのように影響を及ぼしていくかについて述べる．

1.1 数値計算

1.1.1 数値計算とは

　普段の生活において，我々にはいろいろな種類の計算を行なう機会がある．それらの多くは暗算や筆算でできるような簡単なものであるが，やや複雑な計算の場合には電卓を用いることもよくある．一方，理工学の分野では，電卓程度ではとても間に合わないような，複雑で大量の計算を行なう必要がしばしば生じる．このような場合には，より高速のコンピュータで計算することが不可欠となる．

　コンピュータが行なうことのできる計算は，微分積分や代数で行なうような文字式の計算ではなく，基本的には数値の四則演算（加法，減法，乗法，除法）である．数式処理ソフトウェアのように，見かけ上は文字式の計算を行なわせることのできるものもあるが，計算時間や記憶容量などの計算機資源を大量に消費するため，大規模計算では実用上の問題がある．数値計算とはその名の通り，数値を用いて行なう計算のことであって，普通はコンピュータを用いて行なうような大量で複雑な計算のことを指す．現代では，パソコンをワープロや画像処理，通信などのように数値計算とは無関係な用途に用いることが多いが，コンピュータは元々数値計算を目的として開発されたものであり，パソコン等においてもしかるべきソフトウェアを用いれば，かなりの規模の数値計算を実行することができる．実際，市販の表計算ソフトを用いてもある程度の数値計算は実行可能である．

　従来，特に理学系の分野においては，数値計算といえば，純理論的に解くことのできない問題に対する補助的手段として，いわば消極的立場から捉えられることもあった．しかし，コンピュータの能力が飛躍的に向上した現在，数値的手法をより積極的に活用しようという立場から多くの問題が処理されるようになってきている．

　例えば，現実の問題や現象などを扱うときに，考えるシステムを方程式でモデル化し，シミュレーションによって調べるということがよく行なわれ

る．シミュレーションの結果によっては，モデル化の再検討が行なわれることもある（図1.1参照）．この過程において，モデル方程式の解が厳密に求められないときや求めるのに手間がかかるとき，数値計算が行なわれることが多い．その数値計算は，超高速のスーパーコンピュータを何時間も（場合によっては何ヶ月も）連続的に稼働させることもある．その結果，理工学のいろいろな分野において数値計算を用いた研究から新たな発見がなされ，理論的な研究を促すこともしばしばである．

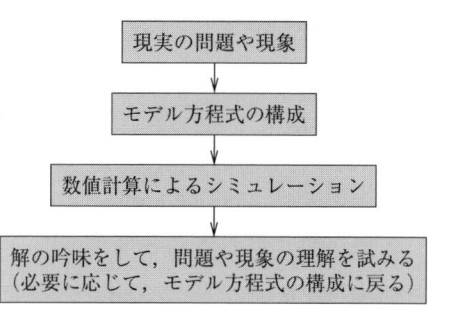

図1.1 現実の問題や現象の数理的な取り組み方法

1.1.2 数値計算の必要性

　数値計算が威力を発揮するのはどのような場合だろうか．それは主に次の2つの場合が該当するであろう．1つは以下の例のように，そもそも数学的に厳密な取り扱いが理論的に不可能であって，数値計算による近似解法しか手がない場合である．

　方程式 $f(x) = 0$ の解法　　関数 $f(x)$ が4次以下の多項式であれば解の公式が知られており，それに方程式の係数を代入すれば理論的には解が厳密に計算できる．それ以外の場合には，解の公式が一般にはないので，解を近似的に計算することになる．

　定積分の計算　　積分の計算においては，たとえ被積分関数が簡単な初等関数であっても，原始関数が初等関数で表現できない（あるいは容易に求められない）場合がしばしばある．このような場合，定積分の値を知りたいとすると，数値計算によって近似的に求めることになる．

　常微分方程式の初期値問題　　常微分方程式の解が求積法によって解析的に求められるのは，変数分離形や1階線形微分方程式など，極めて特殊な形

の微分方程式に限られている．一般の形の微分方程式の解は，近似的に求めた数値によって表現するしかない．

偏微分方程式　　求積法によって解が求まるのは特殊な形の偏微分方程式に限られ，解を解析的に表現できるのは特殊な場合に限られる．一般には，数値計算を用いて解を近似的に求めるしかない．

　もう1つは，厳密な取り扱いが理論的には可能であるが，実際に計算するには手間がかかりすぎて，コンピュータを用いずに計算することが実質的に不可能な場合である．例えば，以下のような場合がそうである．

多元連立1次方程式の解法　　クラーメルの公式や掃き出し法などを用いれば，原理的には解を厳密に計算できる．しかし，例えば未知数が100個の連立方程式のように，計算量が多すぎる場合には，手計算などでは実質的に実行不可能である．

行列の固有値と固有ベクトルの計算　　正方行列 A が与えられたとき，その固有値と固有ベクトルの計算は，線形のシステムの解析には欠かせない要素である．行列のサイズが小さければ手計算でもある程度は可能であるが，問題によっては大きいサイズの行列に対して，固有値や固有ベクトルを計算する必要が生じる．

時系列データからの値を推定　　例えば，n 組の時系列データ (t_i, x_i) $(i = 1, 2, \cdots, n)$ が与えられたとき，データ点以外の点 t における x の値を推定することを考えてみると，これは，すべてのデータ点を通る滑らかな関数 $x = f(t)$ を見つけることに対応する（これを補間という）．例えば，このような関数としてすべてのデータ点を通る多項式が考えられるが，データ数が多いと多項式の次数が高くなり，具体的に計算するには手間がかかりすぎる．

1.1.3　良い数値計算とは

　上記のような具体的な問題に対して，一体どのような方法を用いればよいだろうか．例えば，後で説明するように，これまで各種の問題に対し，すで

に多くの数値計算法が提案されてきたが，そもそも"良い"数値計算法とはどのようなものだろうか．数値計算法の善し悪しを決める基準は目的と手段によって異なるのは当然であるが，例えば次のような基準が考えられる．

精度が高いこと　　近似計算を行なう場合，正しい答えにできるだけ近い結果が得られる方が良いのはいうまでもない．また，できればどの程度の精度が得られているのかがわかることが望ましい．

計算量が少ないこと　　問題によっては極めて大量の計算を必要とすることがあるが，計算が適当な時間内に終了することが望ましい．効率の悪い方法を用いると，たとえコンピュータを用いたとしてもあまりにも時間がかかりすぎて，いつまで経っても計算が終了しないことがある．

必要な記憶容量が少ないこと　　計算の途中結果を記憶させる必要があるとき，あまりに大量のデータを保持する必要があると，メモリー不足によって計算が実行できなくなることがある．

プログラミングが容易であること　　適当なソフトウェアがパッケージとして用意されている場合はよいが，自分で数値計算用のプログラムを書く場合，複雑なプログラムではプログラミングに手間がかかるだけでなく，プログラムのミスも生じやすい．できるだけ短く，また単純な構造の手続きによって計算が実行できればプログラミングが容易になり，間違いも少ない．

これらの条件は，1つを良くしようとすれば他が悪くなることが多く，最善の方法は，対象とする問題や目的のために必要な精度，使用するコンピュータの処理能力，プログラミング技術などによって左右される．本書では，比較的その原理が理解しやすく，かつバランスのとれた数値計算法を中心に解説する．

1.2 数値と誤差

1.2.1 数値の表現

コンピュータ内部では，数値は 10 進法ではなく 2 進法で表現されている．その理由は，2 進法を用いると計算を行なう電子回路が単純になって処理が速くなること，数値の記憶方法が効率的になること，などの利点があるからである．一方，我々が普段扱う数は 10 進法で表現されているため，2 進法との変換が必要になる．ところが，この変換により，やっかいなことが生じる．

例えば，10 進法の 0.1 を 2 進法に変換すると 0.000110011001100 … という無限小数となる．しかしながら，コンピュータは有限の桁しか扱うことができないため，10 進数の 0.1 をコンピュータで扱うと必然的に誤差を生じる．それゆえ，簡単な四則演算であっても誤差が混入する可能性がある．電卓で $1 \div 3 \times 3$ を計算すると，計算結果は 1 ではなくて $0.9999999\cdots$ と表示されることがあるが，同様のことはコンピュータでも起こっている．本書では簡単のため 10 進法を用いて説明するが，コンピュータ内部では 2 進法が用いられていることに注意してほしい．

コンピュータが扱う数値には，主として整数型と実数型の 2 種類があって，それぞれ表現の仕方が異なっている．

整数型は文字通り整数を扱うための形式で，ある大きさ以下の整数を誤差なく表現できる．例えば，2 進数 32 桁（32 ビット）で符号付きの整数を表現するときは，-2^{31} から $2^{31}-1$ までの整数を誤差なく表現できる．

無限小数や，整数型では表せないような大きな整数を表現するためには，**実数型**と呼ばれる形式で数値を表現する．例えば，小数点以下何桁まで表示するかを指定して，実用上は十分な精度で数を表現する．有効数字の桁数を重視する場合には，数の正負を表す符号部，有効数字を表す仮数部，そして位取りを表す指数部の組で表現する．これを**浮動小数点表示**という．例えば，円周率 π を

$$+0.31415926 \times 10^1$$

などと表現したりする．ここで，＋が符号部，0.31415926が仮数部，10^1 が指数部である．普通，仮数部としては0と1の間の有限小数をとり，小数点以下の有効桁数をなるべく多くとるために，小数第1位を非零の数になるようにする．また，10^1 が指数部で，10の整数乗の形をとる．

なお，浮動小数点表示の方法は，IEEE[1]が定めた規格[2]があり，それにしたがって設計されているコンピュータが多い．

高い精度を確保するために，桁数が多い数値計算を必要とするときには，普通より仮数部の桁数を大きくとった多倍長実数計算のためのソフトウェアパッケージを利用することも可能である．ただし，この場合には，より多くの計算機資源を使うので注意が必要である．

数が大きすぎると，コンピュータ上で扱える数値の範囲を超えてしまうことがある．範囲を超えるような大きすぎる数が生じることを**オーバーフロー**という．逆に，0とほとんど区別できないような小さな数が生じると，十分な有効桁数を確保できないことがあり，これを**アンダーフロー**という．いずれの場合にも，コンピュータで数値計算を行なうときの障害となるので，このようなことが起こらないように注意が必要である．

1.2.2 誤　差

以下では，x によって近似値を，x^t（t は true の頭文字）によって真の値を表すとする．このとき，
$$e_x := x - x^t$$
を**誤差**といい，$|e_x|$ を**絶対誤差**，
$$\frac{e_x}{x^t} \simeq \frac{e_x}{x}$$
を**相対誤差**という．ここで "$\simeq$" は左辺が右辺で近似されることを表す記号である．

---

1) Institute for Electrical and Electronics Engineers
2) IEEE Standard for Floating Arithmetic 754 - 2008

誤差そのものはわからないが，その大きさがある程度推定できるとき，例えば

$$|e_x| \leq \delta_x$$

を満たす数 δ_x がとれるとき，δ_x のことを**誤差限界**という．

例1

円周率 $x^t = \pi = 3.1415926\cdots$ の近似値として $x = 3.14$ をとると，誤差，絶対誤差，相対誤差，誤差限界は，それぞれ

$$誤差： \quad e_x = -0.0015926\cdots$$
$$絶対誤差： \quad |e_x| = 0.0015926\cdots$$
$$相対誤差： \quad \frac{e_x}{x} = -0.0005072\cdots \simeq 0.05\ \%$$
$$誤差限界： \quad \delta_x = 0.0016$$

となる． □

1.3 誤差の発生

1.3.1 誤差の分類

計算の過程において，誤差はいろいろな形で混入してくる．ここでは，誤差をその発生原因によって分類してみよう．

　丸め誤差　　実数を有限桁数の小数で表現したときに生じる誤差のことである．仮数部の長さはコンピュータによって決まっており，それ以上の長さの有限小数や無限小数をそのまま表現することはできない．このような場合には，数値の上位何桁のみを取り出し，それより下の桁を切り捨て，切り上げ，四捨五入（2進法の場合は0捨1入）などの操作を行なうことによって近似的に数値を表現する．このように，長い桁数の数値を短くすることを**丸める**といい，この際に生じる誤差を**丸め誤差**という．

　打ち切り誤差　　無限級数で表現されている数値に対し，級数を有限の部分和で近似することによって生じる誤差を**打ち切り誤差**という．例えば，

関数 e^x の値を具体的に計算するための 1 つの方法は,

$$e^x = \sum_{i=0}^{\infty} \frac{x^i}{i!} = 1 + \frac{x}{1!} + \frac{x^2}{2!} + \frac{x^3}{3!} + \cdots$$

と展開し,これを第 N 項までの部分和

$$e^x \simeq \sum_{i=0}^{N} \frac{x^i}{i!} = 1 + \frac{x}{1!} + \frac{x^2}{2!} + \frac{x^3}{3!} + \cdots + \frac{x^N}{N!}$$

で近似することである.この際,第 $N+1$ 項以降を切り捨てることによって生じる誤差が打ち切り誤差である.

1.3.2 桁落ち

比較的近い数値の差をとったとき,有効数字の桁数が減少する場合がある.例えば,1.23456 と 1.22222 の差をとると

$$\overbrace{1.23456}^{\text{有効桁}} - \overbrace{1.22222}^{\text{有効桁}} = 0.0\overbrace{1234}^{\text{有効桁}}$$

となり,有効桁数 6 桁を使って計算したにもかかわらず,得られた結果の有効桁数は 4 桁となり,2 桁減っている.このような現象を**桁落ち**という.丸め誤差や打ち切り誤差がある程度予測できるのに対し,桁落ちは気づかないうちに発生して誤差が大きくなる場合があるので注意を要する.

なお,近い値の数値の差を避けるように計算式を工夫して,桁落ちによる誤差の発生を未然に防げる場合もある.

例 2

2 次方程式 $ax^2 + bx + c = 0$ の解を計算してみよう.解の公式を用いると,解 α, β は

$$\alpha = \frac{-b + \sqrt{b^2 - 4ac}}{2a}, \qquad \beta = \frac{-b - \sqrt{b^2 - 4ac}}{2a}$$

と計算される.係数の値を $a = 2.56487$, $b = 43.5874$, $c = -0.365926$ とし,有効数字 6 桁で解を計算してみると,

$$\alpha \simeq \frac{-43.5874 + \sqrt{(43.5874)^2 + 4 \times 2.56487 \times 0.365926}}{2 \times 2.56487}$$

$$\simeq \frac{-43.5874 + 43.6304}{5.12974}$$

$$\simeq 0.00838$$

となって3桁しか有効数字が得られていない．この原因は，分子で桁落ちが生じたためである．しかし，分子を有理化して得られる解の公式

$$\alpha = \frac{-2c}{b + \sqrt{b^2 - 4ac}}$$

を用いて計算すると

$$\alpha \simeq \frac{-2 \times (-0.365926)}{43.5874 + 43.6304} \simeq 0.00839108$$

となり，6桁の有効数字が得られる．

一方，βについてはこのような桁落ちは生じないので，普通の公式を用いればよい．

□

1.4 誤差の伝播と累積

1.4.1 誤差の伝播

一旦発生した誤差が，それ以降の計算結果に影響を与え続ける状態を**誤差の伝播**という．本節では，誤差がどのように伝播するかを四則演算について調べてみよう．以下では，x, y などで近似値を，x^t, y^t などで真の値を表すことにする．

加減算 $z^t = x^t \pm y^t$ の近似値として $z = x \pm y$ を用いると，z に含まれる誤差は，

$$\begin{aligned} e_z &= z - z^t \\ &= (x \pm y) - (x^t \pm y^t) \\ &= (x - x^t) \pm (y - y^t) \\ &= e_x \pm e_y \end{aligned}$$

となる．ここで

1.4 誤差の伝播と累積

$$|e_z| = |e_x \pm e_y| \leq |e_x| + |e_y| \leq \delta_x + \delta_y$$

であるから，x, y, z の誤差限界の間に

$$\delta_z = \delta_x + \delta_y$$

の関係が成り立つ．これは，加減算では誤差限界が加算的に増加することを示している．

乗除算　$z^t = x^t \cdot y^t$ の近似値として $z = x \cdot y$ を用いると，z に含まれる誤差は，

$$\begin{aligned} e_z &= z - z^t \\ &= x \cdot y - x^t \cdot y^t \\ &= (x^t + e_x) \cdot (y^t + e_y) - x^t \cdot y^t \\ &= e_x y^t + e_y x^t + e_x e_y \end{aligned}$$

となる．ここで，e_x および e_y に比べて $e_x e_y$ は十分小さいとみなしてよいから，これを無視すると

$$\frac{e_z}{z^t} \simeq \frac{e_x}{x^t} + \frac{e_y}{y^t}$$

と計算できる．

同様に，$z^t = \dfrac{x^t}{y^t}$ の近似値として $z = \dfrac{x}{y}$ を用いると，z に含まれる誤差は

$$\begin{aligned} e_z &= z - z^t \\ &= \frac{x^t + e_x}{y^t + e_y} - \frac{x^t}{y^t} \\ &= \frac{y^t(x^t + e_x) - x^t(y^t + e_y)}{y y^t} \\ &= \frac{y^t e_x - x^t e_y}{y y^t} \end{aligned}$$

となる．両辺を $z^t = \dfrac{x^t}{y^t}$ で割り，$y^t \simeq y$ を用いると

$$\frac{e_z}{z^t} \simeq \frac{e_x}{x^t} - \frac{e_y}{y^t}$$

と計算できる．このように，乗除算では相対誤差が加算的に増える可能性が

1.4.2 誤算の累積

計算を行なう度に誤差が発生し，発生した誤差はそれ以降の計算に影響を与え続ける．この結果，多くの計算によって誤差が累積し，無視できないほどの大きさになることがある．これを次の例題で見てみよう．

例題 （オイラー定数の計算）

次式により定まる数

$$\gamma := \lim_{n \to \infty} \left(\sum_{i=1}^{n} \frac{1}{i} - \log_e n \right)$$

を**オイラー定数**という．オイラー定数の近似値を次の2つの方法で計算し，その結果を比較せよ．

(i) $\frac{1}{1}$ から順に $\frac{1}{10000}$ まで加えた後，$\log_e 10000$ の値を引く．

(ii) $\frac{1}{10000}$ から逆に $\frac{1}{1}$ まで加えた後，$\log_e 10000$ の値を引く．

【解】 オイラー定数とは図 1.2 の灰色部分の面積の総和であり，正確な値は $\gamma = 0.5772156\cdots$ である．有効数字 6 桁で計算しよう．

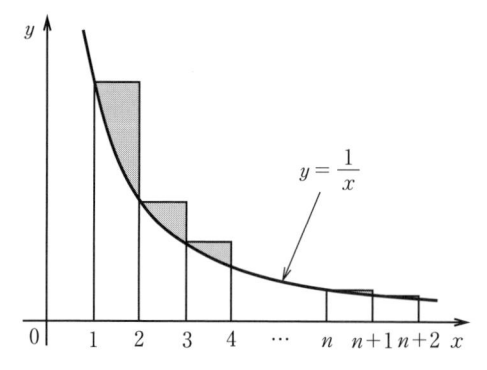

図 1.2 オイラー定数 γ. 灰色部の面積の総和がオイラー定数を表す．

1.4 誤差の伝播と累積

まず，$\frac{1}{1}$ から $\frac{1}{10000}$ まで順に加えると，

$$\frac{1}{1} + \frac{1}{2} + \cdots + \frac{1}{10000} \simeq 9.78716$$

と計算できる．逆に，$\frac{1}{10000}$ から $\frac{1}{1}$ まで同様に加えると

$$\frac{1}{10000} + \frac{1}{9999} + \cdots + \frac{1}{1} \simeq 9.78754$$

となる．一方，

$$\log_e 10000 \simeq 9.21034.$$

したがって，オイラーの定数は，（ⅰ）の方法では

$$\gamma \simeq 9.78716 - 9.21034 = 0.57682.$$

（ⅱ）の方法では

$$\gamma \simeq 9.78754 - 9.21034 = 0.57720$$

と計算され，（ⅱ）の方が正確な数値を与えていることがわかる．これは，大きい方から加えると，小さい数を加えたときに端数が無視されてしまい，誤差が累積してしまうからである． □

第 2 章

非線形方程式

関数 $f(x)$ が与えられたとき，方程式 $f(x) = 0$ の解を探す問題を考える．$f(x)$ が次数の低い多項式であれば，公式を用いて解を計算できるが，そうでない場合には，解に収束するような近似解の列を反復計算により構成する．これを逐次近似法という．この章では，非線形方程式の 1 つの解を，数値的に求めるための代表的な方法について解説する．また，各方法によって，反復計算によって得られる数列が真の解に収束するための条件と，どのような速さで収束するかについて述べる．

2.1 逐次近似法

2.1.1 非線形方程式の解の逐次近似

方程式の解を求める問題は，理工学のあらゆる分野において出会う問題である．1次方程式や2次方程式のように解の公式が使える場合には，公式に当てはめれば簡単に解が計算できる．しかしながら，ここで考えたいのは，方程式を公式を用いて解くことができないような場合である．例えば，
$$x + e^x = 0 \tag{2.1}$$
は見かけは簡単な方程式であるが，その解を代数的な式を用いて表現することはできない．そのため，解を求めるには数値的な手法を用いて計算することが必要となる．

一般に，$f(x)$ を $\mathbf{R}$ 上の与えられた関数とするとき，方程式
$$f(x) = 0 \tag{2.2}$$
を**非線形方程式**[1] という．この方程式の1つの解 $x = \alpha$ を精密に計算するにはどうしたらよいだろうか．非線形方程式の解の数値計算においては，近似解の列を何らかの方法で構成し，近似解の精度を徐々に高めていくという方法を用いる．このような方法を**逐次近似法**という．逐次近似法による非線形方程式の解法は大きく分けて，区間縮小法と代入法（反復法ともいう）の2つの方法がある．

区間縮小法　解を必ず含んでいるような区間の列 $[a_n, b_n]$ ($n = 0, 1, 2, \ldots$) で，区間の幅が徐々に小さくなるようなものを構成する方法を**区間縮小法**という．例えば，方程式(2.1)を解きたいとき，$y = x + e^x$ のグラフを描けばわかるように，解 α は $-1 < \alpha < 0$ を満たしている．そこで $[a_0, b_0] = [-1, 0]$ から始めて，徐々に区間を狭めていくようにする．$\{a_n\}$ が増加列，$\{b_n\}$ が減少列で，$b_n - a_n \to 0$ ($n \to \infty$) となるようにし，$x_n \in [a, b]$ と選べ

---

[1] 厳密にいえば，$f(x)$ が1次関数のときは線形方程式であるが，この章ではこのような場合も含めて非線形方程式と呼ぶことにする．

ば，挟み打ちの原理によって解に収束する数列$\{x_n\}$が得られる．区間縮小法は，$f(x)$に対する緩やかな条件のもとで解を確実に探すことができるという利点があるが，一般には計算量が多くなる．

代入法 方程式を変形することによって，解をある種の変換の不動点として定式化し，繰り返し代入して逐次近似列を構成する方法を**代入法**という．例えば，数列$\{x_n\}$を

$$x_0 = 0, \quad x_{n+1} = -e^{x_n} \quad (n = 0, 1, 2, \cdots)$$

で与えると，この数列は方程式(2.1)の解に収束する．

一般に，方程式(2.2)をこれと同値な方程式$x = g(x)$に書き直し，適当な初期値x_0に対して

$$x_{n+1} = g(x_n) \quad (n = 0, 1, 2, \cdots)$$

によって定まる数列が収束すれば，$g(x)$に繰り返し代入することにより，解の逐次近似列が得られる．

代入法は変換のためにうまく方程式を変形すれば収束が速く，計算量が少なくて済むという利点があるが，一般に繰り返し代入によって得られる数列が収束するとは限らない．実際，後で述べるように収束を保証するには，変換がある種の条件を満たしていることが必要となる．

2.1.2 収束の速さと次数

逐次近似法によって，真の解に収束するような近似解の列$\{x_n\}$が構成できたとしよう．近似解の精度が十分高くなったと判断したら計算を打ち切り，そのときの近似解の値を真の解αの良い近似値とみなす．したがって，近似解の列$\{x_n\}$の解αへの収束ができるだけ速い方が計算の回数が少なくて済む．

一般に，収束の速さはx_{n+1}に含まれる誤差がx_nに含まれる誤差に比べてどのくらい小さくなるかによって判定される．例えば，ある番号から先のすべてのnに対し，x_nとx_{n+1}の間に

$$|x_{n+1} - \alpha| \leq C|x_n - \alpha| \quad (Cは0 < C < 1を満たす定数)$$

のような関係があるとき，数列 $\{x_n\}$ は解 α へ（少なくとも）**1次収束**するという．この場合，誤差は毎回一定以上の割合で小さくなっていく．

同様に $m > 1$ に対し，

$$|x_{n+1} - \alpha| \leq C|x_n - \alpha|^m \quad (C は 0 < C < \infty を満たす定数)$$

を満たすとき，数列 $\{x_n\}$ は解 α へ **m 次収束**するという．近似の精度が高まると $|x_n - \alpha|$ は十分小さな値をとるので，$|x_n - \alpha|^m$ は $|x_n - \alpha|$ に比べて m が大きいほど小さくなる．したがって，収束の次数 m が高ければ収束は速い．

例えば2次収束の場合，x_{n+1} に含まれる誤差は x_n に含まれる誤差の2乗にほぼ比例し，1回の反復で有効桁数がほぼ倍に増えると考えてよい．したがって，2次収束は十分な収束の速さをもっているとみなされる．これに対し，1次収束の場合には有効桁数は反復の回数にほぼ比例するが，定数 C が1に近いと精度がなかなか高まらないことになる．

2.1.3　計算停止の基準

逐次近似法を用いる場合，十分良い近似値が得られたと判断されたときに計算を停止するように，あらかじめプログラムに停止の条件を組み入れておく．計算停止の基準としては次のようなものを用いることが多い．

（ⅰ）　絶対誤差 $|x_n - \alpha|$ が十分小さくなったとき

（ⅱ）　相対誤差 $\dfrac{|x_n - \alpha|}{\alpha}$ が十分小さくなったとき

これらの基準を用いる場合には，十分小さな数をあらかじめ定めておき，それよりも小さくなったら反復を打ち切ればよい．ただし，解 α がわかっていないのだから，（ⅰ）あるいは（ⅱ）が満たされていることを何らかの方法で確認するか，あるいはそれに準ずる基準を用いる必要がある．そのために，例えば次のような基準を設定する．

（ⅲ）　$|f(x_n)|$ が十分小さくなったとき

（ⅳ）　$|x_{n+1} - x_n|$ が十分小さくなったとき

（ⅴ）$|f(x_n)| \leq |f(x_{n+1})|$ のとき

条件（ⅲ）は，解を精度良く求めるというよりも，むしろ $|f(x_n)|$ の値をできるだけ小さくすることが目的の場合に採用すべき条件である．条件（ⅳ）は，これが満たされれば，これ以上計算を続けてもあまり変化がないことを表しており，すでに解に十分近づいたと判断する．条件（ⅴ）は，反復によって必ずしも収束が保証されていない場合に用いる条件で，逐次近似法がうまくはたらかなかった場合や，収束が十分進んで精度の限界に入ったときなど，近似値の改善が期待できない場合に反復を打ち切るものである．

いずれの条件を用いるにしても，反復回数に上限を設定し，計算に要する時間が無制限にならないようにしておく．

2.2 二 分 法

2.2.1 二分法とは

二分法は最も簡単な区間縮小法で，中間値の定理に基づいて解を求める方法である．二分法について説明する前に，中間値の定理について復習しておこう．

中間値の定理　$f(x)$ は閉区間 $[a,b]$ 上の連続関数で，$f(a) \neq f(b)$ を満たすものとする．このとき，$f(a)$ と $f(b)$ の間にある任意の数 $k \in \mathbf{R}$ に対し，$f(\alpha) = k$ を満たす $\alpha \in (a,b)$ が少なくとも1つ存在する．

関数 $f(x)$ に対し，ある値 a と b をうまく選び，$f(a)f(b) < 0$ が満たされたとしよう．関数 $f(x)$ が $[a,b]$ 上で連続ならば，中間値の定理により a と b の間に必ず $f(x) = 0$ を満たす $x = \alpha$ が存在する．したがって，この場合，少なくとも1つの解が開区間 (a,b) 内に存在する．

では，解を含む，より小さい区間を系統的に構成するにはどのようにしたらよいであろうか．最も素朴で簡単な方法は，区間 (a,b) 内に c をとり，解が区間 (a,c) と (c,b) のどちら側にあるかについて調べることであろう．

とくに c として区間 $[a, b]$ の中点 $c = (a+b)/2$ を選べば，区間の幅は半分にできるから，これを繰り返すことにより，区間の幅は 0 に収束する．このようにして解の近似値を求める方法を**二分法**という．

図 2.1 は二分法の原理を示したもので，関数 $y = f(x)$ のグラフが x 軸と $x = \alpha$ で交わっている．すなわち，$x = \alpha$ は方程式 $f(x) = 0$ の解である．

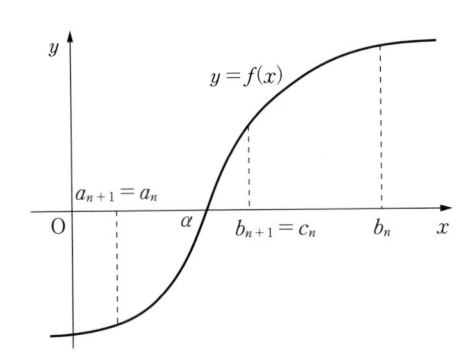

図 2.1 二分法の原理

より具体的には，以下のような手続きをとる．まず，$f(a_0)f(b_0) < 0$ を満たす a_0 と b_0 $(a_0 < b_0)$ を何らかの方法で見つける．a_0, b_0 は解に近い必要はないので，このような a_0, b_0 を見つけることはそれほど難しいことではないだろう．そこで，

$$c_0 = \frac{a_0 + b_0}{2}$$

とおいて $f(c_0)$ の値を計算し，その符号によって，解を含む，より小さい区間 (a_1, b_1) を以下のように定める．

(i) $f(c_0)$ が $f(a_0)$ と同符号ならば，$a_1 = c_0, b_1 = b_0$ とする．

(ii) $f(c_0)$ が $f(b_0)$ と同符号ならば，$a_1 = a_0, b_1 = c_0$ とする．

この操作によって新たに得られた区間 (a_1, b_1) の幅はもとの区間 (a_0, b_0) の幅の半分になっている．また，$f(a_1)$ と $f(b_1)$ の符号は異なるから，中間値の定理により，区間 (a_1, b_1) 内のある点 $x = \alpha$ において $f(\alpha) = 0$ が成り立つ．

同様に $n \geq 1$ に対しても，$f(a_n)f(b_n) < 0$ $(a_n < b_n)$ のとき，解を含む

区間 (a_n, b_n) に対して，

$$c_n = \frac{a_n + b_n}{2}$$

とし，解を含む，より小さい区間 (a_{n+1}, b_{n+1}) を以下のように定める．

（ⅰ） $f(c_n)$ が $f(a_n)$ と同符号ならば，$a_{n+1} = c_n$, $b_{n+1} = b_n$ とする．

（ⅱ） $f(c_n)$ が $f(b_n)$ と同符号ならば，$a_{n+1} = a_n$, $b_{n+1} = c_n$ とする．

これを繰り返すことにより区間の幅は毎回半分になり，またすべての n に対して区間 (a_n, b_n) 内に必ず解が存在する．このとき，数列 $\{c_n\}$ は解 α に収束するから，$\{c_n\}$ を解の逐次近似列と考えることができる[2]．

実際にコンピュータを使って計算する際には，a_n, b_n, c_n をすべて記憶する必要はないので，以下のような手続きに従ってプログラミングする．

─── 二 分 法 ───
Step 1： a と $b (a < b)$ を $f(a)f(b) < 0$ となるように選ぶ．
Step 2： $c = (a+b)/2$ に対して，$f(c)$ の値を計算する．
Step 3： 十分に精度が高ければ，近似解を $x = c$ とする．そうでないときは，$f(c)f(b) < 0$ ならば a を c で，$f(a)f(c) < 0$ ならば b を c で置き換えて Step 2 に戻る．

例題 2.1

方程式 $\cos x = x$ の解を二分法を用いて計算せよ．ただし，有効桁数は 6 桁とする．

【解】 $f(x) = \cos x - x$ とし，$a_0 = 0$, $b_0 = 1$ と選べば，

$$f(a_0) = 1 - 0 > 0, \quad f(b_0) = \cos 1 - 1 < 0$$

を満たす．そこで，

---

[2] もし $f(c_n) = 0$ となれば $x = c_n$ が 1 つの解であるから，そこで計算をストップする．

表 2.1 二分法による逐次近似

反復の回数 n	a_n	b_n	c_n	$f(c_n)$
0	0.000000	1.000000	0.500000	0.377583
1	0.500000	1.000000	0.750000	-0.018311
2	0.500000	0.750000	0.625000	0.185963
3	0.625000	0.750000	0.687500	0.085335
4	0.687500	0.750000	0.718750	0.033879
5	0.718750	0.750000	0.734375	0.007875
6	0.734375	0.750000	0.742188	-0.005196
7	0.734375	0.742188	0.738281	0.001345
8	0.738281	0.742188	0.740234	-0.001924
9	0.738281	0.740234	0.739285	-0.000289
⋮	⋮	⋮	⋮	⋮

$$c_0 = \frac{a_0 + b_0}{2} = \frac{0 + 1}{2} = 0.5$$

とおくと,

$$f(c_0) = \cos 0.5 - 0.5 \simeq 0.377583$$

と計算できるので, $a_1 = c_0 = 0.5$, $b_1 = b_0 = 1$ とおく. 以後, 同様の操作を繰り返すと, 表 2.1 のような結果が得られる.

これより

$$a_9 = 0.738281 < \alpha < 0.740234 = b_9$$

を満たす解 $x = \alpha$ が存在することがわかる. □

2.2.2 二分法に関する注意

二分法に関する注意をいくつか述べておこう.

解の一意性 $f(a_0) f(b_0) < 0$ $(a_0 < b_0)$ を満たす a_0, b_0 が見つかれば, 二分法により区間 (a_0, b_0) 内にある解を確実に計算することができる. しかしながら, (a_0, b_0) 内に他の解がある可能性は否定できない. つまり, (a_0, b_0) 内にある解は 1 つとは限らず, 解の一意性を保証するには他の議論が必要となる. また, $y = f(x)$ のグラフが $x = \alpha$ で x 軸に接していて $f(x)$ の符号が α で変化しないときには, 二分法によってこの解を求めることはできない. したがって, 二分法によってすべての解を求められるとは限らない.

収束の速さ　区間 (a_n, b_n) の幅は毎回半分になることから，c_n と解 α との絶対誤差は

$$|c_n - \alpha| < \frac{b_0 - a_0}{2^{n+1}}$$

と評価できる．したがって，二分法による解への収束は1次収束とみなすことができるが，他の方法に比べて収束が速いとはいえない．しかしながら，解が存在する範囲は明確であり，必要に応じていくらでも精度を上げることができるという長所がある．

実用性　二分法は非線形方程式を解くための単純な方法ではあるが，初期値 a_0, b_0 さえ見つかれば解が確実に求められること，誤差の評価が容易なこと，またプログラミングが容易なことなどから，十分な実用性をもつ方法といえる．

2.2.3　線形逆補間法

二分法は区間の両端における $f(x)$ の符号の情報だけを用いており，せっかく計算した $f(x)$ の値に関する情報を捨ててしまっている．そこで関数の値をより積極的に使うために，$f(a)$ と $f(b)$ の大きさに応じて区間を内分すれば，二分法よりも解への収束が速くなるように思われる．つまり，単純に二分するのではなく，

$$c = \frac{a f(b) - b f(a)}{f(b) - f(a)}$$

とするのである．これは，関数 $f(x)$ を2点 $(a, f(a))$，$(b, f(b))$ を通る直線で近似し，直線と x 軸の交点を計算したことに対応している（図2.2）．このようにして近似の精度を高める方法を**線形逆補間法**という．

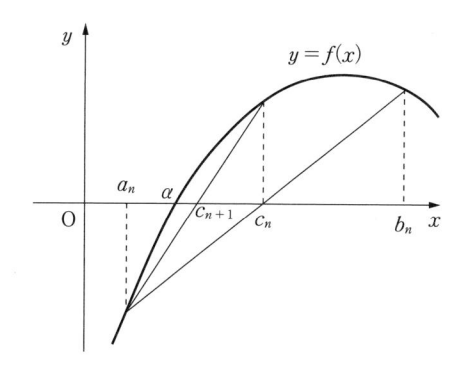

図 2.2　線形逆補間法

一見すると，二分法よりは線形逆補間法の方が効率的なように思われる．確かに，線形逆補間法を1回だけ適用する場合には，二分法より精度の高い解を計算できる．しかしながら，図2.2を見るとわかるように，線形逆補間法による反復によっては解を含む区間はいつも小さくなるとは限らず，それほど収束は速くない．実際，線形逆補間法による反復はせいぜい1次の収束であり，場合によっては二分法より収束が遅くなることもある．そのため，線形逆補間法を積極的に用いる理由は特にないといってよい．

2.3 代 入 法

2.3.1 変換関数と代入法

方程式 $f(x) = 0$ をそれと同値な方程式
$$x = g(x) \tag{2.3}$$
の形に変形した後，適当な初期値 x_0 から始めて
$$x_{n+1} = g(x_n) \quad (n = 0, 1, 2, \cdots)$$
によって数列を生成する．もし，この反復によって得られる数列 $\{x_k\}$ が収束すれば，極限値 α は $\alpha = g(\alpha)$ を満たすはずであるから，$x = \alpha$ は方程式 (2.3) の解である．この g を**変換関数**と呼ぶ．

このように，変換関数に代入を繰り返して解の近似列を構成する方法を**代入法**（あるいは**代入反復法**）という．

代入法
$$x_{n+1} = g(x_n) \quad (n = 0, 1, 2, \cdots)$$

後述するように，代入法による反復が解 α に収束するためには変換関数が $|g'(\alpha)| \leq 1$ を満たすことが必要であり，逆に $|g'(\alpha)| > 1$ の場合には収束しない．したがって，変換関数によっては代入法による数列が収束しない．また，たとえ収束したとしても，一般には1次収束であって，収束はそれほど速くはない．しかしながら，代入法は簡単な原理に基づいており，また

2.3 代入法

プログラミングが極めて容易であることから，方程式によっては有力な解法となる．なお，代入法の考え方は連立方程式にも適用できる．

例題 2.2

方程式 $\cos x - x = 0$ の解を代入法を用いて計算せよ．

【解】 まず，

$$x = \cos x$$

と変形し，変換関数を $g(x) = \cos x$ とする．このとき，反復 $x_{n+1} = g(x_n) = \cos x_n$ によって数列を生成する．$x_0 = 0.5$ を初期値として代入法を適用すると，

$x_0 = 0.500000, \quad x_1 = 0.877583, \quad x_2 = 0.639012$
$x_3 = 0.802685, \quad x_4 = 0.694778, \quad x_5 = 0.768196$
$x_6 = 0.719165, \quad x_7 = 0.752356, \quad x_8 = 0.730081$
$x_9 = 0.745120, \quad x_{10} = 0.735006, \quad x_{11} = 0.741827$
$x_{12} = 0.737236, \quad \cdots$

と計算できる．真の解は $\alpha = 0.739085\cdots$ で与えられ，振動しながらこの値に近づいていく様子がうかがえる．

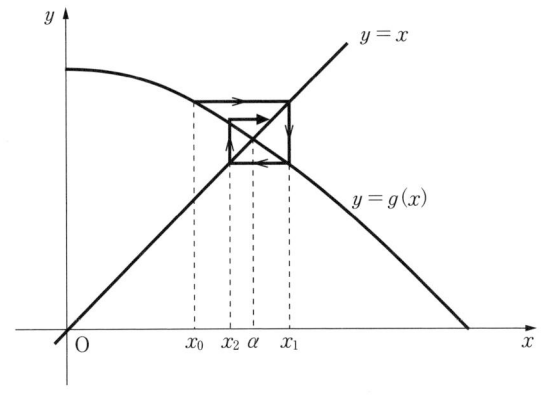

図 2.3 代入法により解に収束する例

次に，

$$x = 2x - \cos x$$

と変形し，変換関数として $g(x) = 2x - \cos x$ を選ぶ．$x_0 = 0.75$ を初期値として

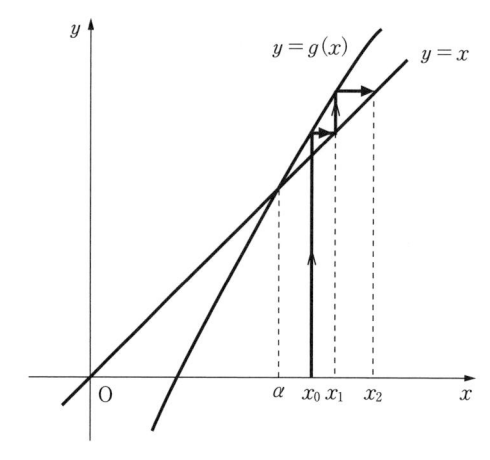

図 2.4 代入法により解に収束しない例

代入法を適用すると，

$x_0 = 0.750000, \quad x_1 = 0.768311, \quad x_2 = 0.817537$
$x_3 = 0.951054, \quad x_4 = 1.321282, \quad x_5 = 2.395631, \quad \cdots$

と計算できる．この場合には代入法によって解に収束しない．　□

2.3.2 収束の条件

例題 2.2 からわかるように，代入法が機能するためには，方程式をどのように変形するかが鍵となる．では，変換関数 g をどのように選べばよいのだろうか．次の定理は，代入法で得られた数列が解 $x = \alpha$ に収束するための条件を与える．

定理 2.1（収束のための十分条件） 関数 $g(x)$ は閉区間 $[a, b]$ 上の連続関数で，

$$\{g(x) : x \in [a, b]\} \subset (a, b)$$

を満たすとする．また，$g(x)$ は開区間 (a, b) で微分可能とし，ある正の定数 $K \in (0, 1)$ に対して $|g'(x)| < K$ を満たすとする．このとき，$x = g(x)$ の解 $\alpha \in (a, b)$ が一意に存在する．さらに，任意の初期値 $x_0 \in [a, b]$ に対し，反復 $x_{n+1} = g(x_n)$ によって得られる数列 $\{x_n\}$ について以下が成り立つ．

（ⅰ）　$\lim_{n\to\infty} x_n = \alpha$

（ⅱ）　$|x_{n+1} - x_n| < K^n(b-a)$

（ⅲ）　$|x_n - \alpha| < \dfrac{1-K^n}{1-K}(b-a)$

定理 2.1 の証明のためには，いくつかの準備が必要である．まず，平均値の定理について復習しておこう．

平均値の定理　関数 $g(x)$ は閉区間 $[a,b]$ 上で連続，開区間 (a,b) において微分可能とする．このとき，ある数 $\gamma \in (a,b)$ が存在して

$$g'(\gamma) = \frac{g(b) - g(a)}{b - a}$$

が成り立つ．

さらに，次の補題を準備しておこう．

補題 2.2　関数 $g(x)$ は閉区間 $[a,b]$ 上の連続関数で，
$$\{g(x) : x \in [a,b]\} \subset (a,b)$$
を満たすとする．このとき，方程式 $x = g(x)$ は開区間 (a,b) 内に少なくとも 1 つの解をもつ．

【証明】　関数 $g(x)$ の連続性より，$h(x) = g(x) - x$ で定義される関数も区間 $[a,b]$ で連続である．また，

$$h(x) = 0 \iff x = g(x)$$

であるから，$h(x) = 0$ の解は $x = g(x)$ の解でもある．

さて，関数 $g(x)$ の値域に関する仮定より，$g(x)$ の $[a,b]$ における最小値と最大値は

$$\min_{x \in [a,b]} g(x) > a, \quad \max_{x \in [a,b]} g(x) < b$$

を満たしている．これより，直ちに

$$h(a) = g(a) - a > 0, \quad h(b) = g(b) - b < 0$$

を得る．したがって，$h(x)$ の連続性と中間値の定理より，ある $\alpha \in (a, b)$ に対して $h(\alpha) = 0$ となる．この α は $x = g(x)$ の解である． □

注意 1 補題 2.2 の仮定は，解が少なくとも 1 個は存在するための十分条件ではあるが，必要条件ではない．言い換えれば，解は 2 個以上存在するかもしれないし，またこの補題の条件が満たされていなくても解が存在することがある．

【**定理 2.1 の証明**】 補題 2.2 により，方程式 $x = g(x)$ は区間 (a, b) 内に少なくとも 1 つの解をもつ．$|g'(x)| < K < 1$ のとき，この解は一意的である（1 つしかない）ことを背理法によって示そう．

いま，(a, b) 内に 2 個の相異なる解があるとし，これらを α と β とおく．すると，平均値の定理より

$$|\alpha - \beta| = |g(\alpha) - g(\beta)| = |g'(\gamma)(\alpha - \beta)| < K|\alpha - \beta|$$

を満たす $\gamma \in (\alpha, \beta)$ が存在する．ここで $K < 1$ であることから $|\alpha - \beta| < K|\alpha - \beta| < |\alpha - \beta|$ となり，矛盾が導かれる．この矛盾は解が 2 個以上あると仮定したことに起因している．よって，解は 1 つしかないことが示された．

（ⅰ）**について** 数列 $\{x_n\}$ について考える．まず，数学的帰納法により，すべての n に対して x_n は区間 (a, b) 内にあることが簡単に示される．すると，平均値の定理により，

$$x_{n+1} - \alpha = g(x_n) - g(\alpha) = g'(\xi_n)(x_n - \alpha)$$

が成り立つ．ただし，ξ_n は x_n と α の間の実数である．定理 2.1 の仮定より $|g'(\xi_n)| < K$ を満たしているので

$$|x_{n+1} - \alpha| < K|x_n - \alpha|$$

を得る．これを繰り返し用いれば，

$$|x_{n+1} - \alpha| < K|x_n - \alpha| < K^2|x_{n-1} - \alpha| < \cdots < K^{n+1}|x_0 - \alpha|$$

を得る．ここで $0 < K < 1$ であることから，$n \to \infty$ のとき右辺は 0 に収束する．したがって，$|x_n - \alpha| \to 0 \ (n \to \infty)$ であるから（ⅰ）が示された．

(ii) について　　（ⅰ）と同様の計算により，
$$|x_{n+1} - x_n| < K|x_n - x_{n-1}| < \cdots < K^n|x_1 - x_0| < K^n(b-a)$$
となる．よって，（ii）が得られた．

(iii) について　　三角不等式と（ii）より，
$$\begin{aligned}
|x_n - \alpha| &= |x_n - x_{n-1} + x_{n-1} - x_{n-2} + \cdots + x_2 - x_1 + x_1 - \alpha| \\
&< |x_n - x_{n-1}| + |x_{n-1} - x_{n-2}| + \cdots + |x_2 - x_1| + |x_1 - \alpha| \\
&< K^{n-1}(b-a) + K^{n-2}(b-a) + \cdots + K^1(b-a) + K^0(b-a) \\
&= \frac{1-K^n}{1-K}(b-a)
\end{aligned}$$
が得られる．よって，（iii）が証明された．　　□

2.3.3　変換関数についての注意

いま，$g(x)$ を C^1 級[3]の関数とし，ある α に対して $g(\alpha) = \alpha$ を満たすと仮定する．このとき，もし $|g'(\alpha)| < 1$ ならば，$g'(x)$ の連続性の仮定から，α を含む区間 (a,b) を適当に選ぶことにより，この区間内で $|g'(x)| < K < 1$ となる K がとれる．すると定理 2.1 から，初期値 x_0 を (a,b) 内から選べば，代入法で得られる数列 $\{x_n\}$ は解 α に収束する．したがって，解 α が代入法によって計算できるための条件は $|g'(\alpha)| < 1$ であることがわかる．

なお，この条件のもとで代入法を適用する場合，初期値 x_0 が解 α に近いときには有効であるが，x_0 が α から離れていると収束するかどうかわからない．実際には，適当に選んだ初期値 x_0 から始めたときに，もしある k に対して x_k が (a,b) 内に入れば，それをあらためて初期値と考えると代入法が適用できることになる．

逆に，$g'(\alpha) > 1$ とすると，$g'(x)$ が連続であるという仮定から，α を含むある区間 (a,b) において $g'(x) > K > 1$ となる K がとれる．このとき，x_n，$x_{n+1} \in (a,b)$ とすると，平均値の定理により

---

3)　$g(x)$ が k 回微分可能で，k 階導関数 $g^{(k)}(x)$ が連続のとき，$g(x)$ は C^k 級であるという．

$$|x_{n+1} - \alpha| = |g(x_n) - g(\alpha)| = g'(\xi_n)|x_n - \alpha| > K|x_n - \alpha|$$

を満たす．$K > 1$ であることから，x_{n+1} の誤差は x_n の誤差よりも大きくなってしまう．したがって，この場合には代入法によって解を計算できない．同様に，$g'(\alpha) < -1$ の場合にも誤差は大きくなり，代入法が適用できないことがわかる．

$g'(\alpha) = 1$ あるいは $g'(\alpha) = -1$ の場合に代入法がはたらくかどうかを判定するには，g の高次微分係数に関するさらに詳しい解析が必要となる．

例えば，例題 2.2 では，変換関数を $g(x) = x - \cos x$ とした場合には，

$$g'(\alpha) = \sin \alpha = 0.673612 \cdots$$

であり，収束の条件 $|g'(\alpha)| < 1$ を満たしている．一方，$g(x) = 2x - \cos x$ とした場合には

$$g'(\alpha) = 2 + \sin \alpha = 2.673612 \cdots > 1$$

となり，収束の条件を満たしていない．

方程式の解を代入法によって求めるために，どのような変換関数を用いればよいのかという問題に戻ろう．方程式 $f(x) = 0$ を代入法で解くために，この方程式を $x = g(x)$ と変形したとする．上の考察より，反復 $x_{n+1} = g(x_n)$ が収束するためには，$|g'(x)| < K < 1$ となるようにすれば十分である．そこで，もし $f(x)$ が単調増加あるいは単調減少関数の場合には以下のようにすればよい．

$f'(x) > 0$ の場合，定数 $c > 0$ を用いて $g(x) = x - cf(x)$ とする．明らかに $f(x) = 0$ と $x = g(x)$ は同値であり，さらに $c > 0$ を小さくとれば，$-1 < g'(x) = 1 - cf'(x) < 1$ を満たす．同様に，$f'(x) < 0$ の場合，十分小さい $c > 0$ を用いて $g(x) = x + cf(x)$ とすれば，$-1 < g'(x) = 1 + cf'(x) < 1$ が成り立つ．したがって，この場合には $|g'(x)| < 1$ が満たされるので，代入法が適用できる．

$f(x)$ が単調でない場合にはどちらを選べばよいか前もってわからないが，上のいずれかの反復により解に収束する可能性が高い．そこで，$f(x)$ の単調性によらず，$c > 0$ を適当に小さく選んで，反復

$$x_{n+1} = x_n - cf(x_n), \qquad x_{n+1} = x_n + cf(x_n)$$

のいずれかを行なえば，反復が収束する可能性が高い．ただし，$c > 0$ を小さくしすぎると収束が遅くなるので注意を要する．

2.4 加速法

2.4.1 エイトケンの加速法

代入法や線形逆補間法は一般には1次収束するが，解を効率良く計算するという立場からは，1次収束は速い収束とはいえない．そこで，1次収束する逐次近似列から，より収束の速い逐次近似列を導くことを考える．これを収束の**加速**という．

いま，解 α に1次収束する近似列 $\{x_n\}$ が得られているとする．すなわち，$-1 < K < 1$ を満たす定数 K に対し，数列 $\{x_n\}$ は

$$x_{n+1} - \alpha \simeq K(x_n - \alpha)$$

および

$$x_{n+2} - \alpha \simeq K(x_{n+1} - \alpha)$$

を満たすとする．これらの2式から α を消去すると

$$K \simeq \frac{x_{n+2} - x_{n+1}}{x_{n+1} - x_n}$$

が得られる．これを第1式に代入すると

$$x_{n+1} - \alpha \simeq \frac{x_{n+2} - x_{n+1}}{x_{n+1} - x_n}(x_n - \alpha)$$

となり，さらに α について解くと

$$\alpha \simeq x_{n+2} - \frac{(x_{n+2} - x_{n+1})^2}{x_{n+2} - 2x_{n+1} + x_n}$$

という近似値を得る．これは，数列 $\{x_i - \alpha\}$ が等比数列であると仮定して収束先を求めたことに対応している．

以上の計算はかなり大ざっぱなものであるが，新しい近似値として

$$\tilde{x}_n := x_{n+2} - \frac{(x_{n+2} - x_{n+1})^2}{x_{n+2} - 2x_{n+1} + x_n} \qquad (2.4)$$

をとると，この近似値 $\tilde{x}_n$ はもとの近似値 x_{n+2} よりも高い精度をもっていることが期待できる．このようにして，1次収束する近似列 $\{x_n\}$ に対し，より精度の高い近似解を得る方法を**エイトケンの加速法**という．

エイトケンの加速法

$$\tilde{x}_n = x_{n+2} - \frac{(x_{n+2} - x_{n+1})^2}{x_{n+2} - 2x_{n+1} + x_n} \qquad (n = 0, 1, 2, \cdots)$$

エイトケンの加速法は，特に近似列の計算に多くの手間を要し，反復を繰り返すことが容易でない場合に有効な手法である．事実，歴史的には，円周率の近似値を手計算による代入法で求めた時代に，より良い近似値を得るために開発された手法がその起源といわれている．

例題 2.3

方程式 $\cos x - x = 0$ の解を代入法で求め，エイトケンの加速法を適用して収束の速さを比較せよ．

【解】 例題 2.2 と同じく，$x_{n+1} = \cos x_n$ という反復を用いることにする．例題 2.2 で得られている数値にエイトケンの加速法を適用すると，

$$\tilde{x}_0 = x_2 - \frac{(x_2 - x_1)^2}{x_2 - 2x_1 + x_0} \simeq 0.731385$$

$$\tilde{x}_1 = x_3 - \frac{(x_3 - x_2)^2}{x_3 - 2x_2 + x_1} \simeq 0.736087$$

$$\tilde{x}_2 = x_4 - \frac{(x_4 - x_3)^2}{x_4 - 2x_3 + x_2} \simeq 0.737653$$

$$\tilde{x}_3 = x_5 - \frac{(x_5 - x_4)^2}{x_5 - 2x_4 + x_3} \simeq 0.738469$$

$$\tilde{x}_4 = x_6 - \frac{(x_6 - x_5)^2}{x_6 - 2x_5 + x_4} \simeq 0.738798$$

$$\tilde{x}_5 = x_7 - \frac{(x_7 - x_6)^2}{x_7 - 2x_6 + x_5} \simeq 0.738958$$

$$\vdots$$

となり，真の解 $\alpha = 0.739085\cdots$ に速く収束していることが見てとれる． □

2.4.2 エイトケンの加速法の数学的証明

このように，確かにエイトケンの加速法により精度の高い近似解が計算できていることがわかるが，次の定理は，$\{x_n\}$ より $\{\tilde{x}_n\}$ の方が速く収束することを数学的に示している．

定理 2.3（エイトケンの加速法） $\{x_n\}$ を収束数列とし，その極限値を α とする．もし，

$$K = \lim_{n \to \infty} \frac{x_{n+1} - \alpha}{x_n - \alpha}$$

が存在して $K \in (-1, 1)$ ならば，エイトケンの加速法によって得られる数列 $\{\tilde{x}_n\}$ は

$$\lim_{n \to \infty} \frac{\tilde{x}_n - \alpha}{x_n - \alpha} = 0$$

を満たす．

【証明】 仮定より，0 に収束する数列 $\{\varepsilon_n\}$ を用いて

$$\frac{x_{n+1} - \alpha}{x_n - \alpha} = K + \varepsilon_n \quad (n = 0, 1, 2, \cdots)$$

と表せる．そこで

$$x_{n+1} - \alpha = (K + \varepsilon_n)(x_n - \alpha)$$
$$x_{n+2} - \alpha = (K + \varepsilon_{n+1})(x_{n+1} - \alpha) = (K + \varepsilon_{n+1})(K + \varepsilon_n)(x_n - \alpha)$$

をエイトケンの加速法の式 (2.4) に代入すると

$$\tilde{x}_n - \alpha$$
$$= x_{n+2} - \frac{(x_{n+2} - x_{n+1})^2}{x_{n+2} - 2x_{n+1} + x_n} - \alpha$$
$$= (x_{n+2} - \alpha) - \frac{\{(x_{n+2} - \alpha) - (x_{n+1} - \alpha)\}^2}{(x_{n+2} - \alpha) - 2(x_{n+1} - \alpha) + (x_n - \alpha)}$$

$$= (K+\varepsilon_{n+1})(K+\varepsilon_n)(x_n-\alpha)$$
$$-\frac{\{(K+\varepsilon_{n+1})(K+\varepsilon_n)(x_n-\alpha)-(K+\varepsilon_n)(x_n-\alpha)\}^2}{(K+\varepsilon_{n+1})(K+\varepsilon_n)(x_n-\alpha)-2(K+\varepsilon_n)(x_n-\alpha)+(x_n-\alpha)}$$
$$= (K+\varepsilon_{n+1})(K+\varepsilon_n)(x_n-\alpha)$$
$$-\frac{\{(K+\varepsilon_{n+1})(K+\varepsilon_n)-(K+\varepsilon_n)\}^2}{(K+\varepsilon_{n+1})(K+\varepsilon_n)-2(K+\varepsilon_n)+1}(x_n-\alpha)$$

が得られる．これより

$$\frac{\tilde{x}_n-\alpha}{x_n-\alpha}$$
$$= (K+\varepsilon_{n+1})(K+\varepsilon_n)-\frac{\{(K+\varepsilon_{n+1})(K+\varepsilon_n)-(K+\varepsilon_n)\}^2}{(K+\varepsilon_{n+1})(K+\varepsilon_n)-2(K+\varepsilon_n)+1}$$
$$\to K^2-\frac{(K^2-K)^2}{K^2-2K+1} \quad (n\to\infty)$$
$$= K^2-K^2 = 0$$

を得る． □

注意 2 エイトケンの加速法は適用範囲が広く，1 次収束していない数列にも適用できる場合がある．一方で，もとの数列が収束しない場合であっても，エイトケンの加速法で得られた数列が収束することがあるが，このときには必ずしも解に収束するとは限らないため，注意を要する．

2.5 ニュートン法

2.5.1 ニュートン法

代入法は一般には $f(x)$ の関数値だけを用いた手法であるが，微分係数の値を用いることによって，より収束の速い強力な方法が得られる．

いま x_0 を近似解とし，その点において $f(x_0)$ と $f'(x_0)$ の値が計算できたと仮定しよう．このとき，x-y 平面において，点 $(x_0, f(x_0))$ の近くでは $y=f(x)$ のグラフはこの点における接線で近似できる．そこで接線が x 軸と交わった点を $(x_1, 0)$ とすると，図 2.5 のように，x_1 は x_0 よりも解 α に近

2.5 ニュートン法

図2.5 ニュートン法の原理

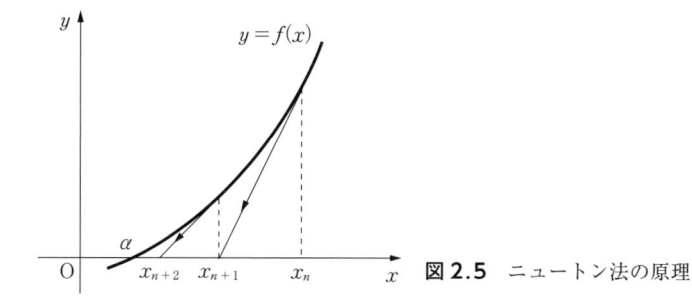

いことが期待できる．接線の方程式は
$$y = f'(x_0)(x - x_0) + f(x_0)$$
であるから，$y = 0$，$x = x_1$ とすると，x_1 は
$$x_1 = x_0 - \frac{f(x_0)}{f'(x_0)}$$
と求められる．

同様に，点 $(x_1, f(x_1))$ において接線を引き，x 軸との交点を $(x_2, 0)$ とすれば，x_2 は x_1 よりもさらに α に近くなる．この操作を繰り返し，数列 $x_1, x_2, x_3, \cdots$ を

$$x_{n+1} = x_n - \frac{f(x_n)}{f'(x_n)} \qquad (n = 0, 1, 2, \cdots) \tag{2.5}$$

で計算すれば，この数列の極限として解 α が計算できることが期待される．このようにして，解の逐次近似列を構成する方法を**ニュートン法**という．

─ ニュートン法 ─
$$x_{n+1} = x_n - \frac{f(x_n)}{f'(x_n)} \qquad (n = 0, 1, 2, \cdots)$$

例題 2.4

方程式 $x^5 + x - 1 = 0$ の解をニュートン法で求めよ．

【解】 $f(x) = x^5 + x - 1$ とおくと，ニュートン法の公式は

$$x_{n+1} = x_n - \frac{x_n^5 + x_n - 1}{5x_n^4 + 1}$$

となる．$f(0) = -1 < 0$, $f(1) = 1 > 0$ であるから，区間 $(0, 1)$ 内に少なくとも 1 つの解がある．そこで，初期値として $x_0 = 0.5$ をとると，

$$x_1 = 0.5 - \frac{(0.5)^5 + 0.5 - 1}{5 \cdot (0.5)^4 + 1} = 0.85714286 \cdots$$

と計算でき，同様の計算を繰り返すと，表 2.2 のような結果が得られる．

表 2.2 ニュートン法による非線形方程式の解の計算

n	x_n	$f(x_n, y_n)$
0	0.500000	-0.468750
1	0.857143	0.319807
2	0.770682	0.042562
3	0.755283	0.001064
4	0.754878	0.000001

これより，$f(x_n)$ の値が急速に 0 に近づき，近似解は $0.754878 \cdots$ に収束していくことが見てとれる． □

2.5.2 ニュートン法の収束

ニュートン法は，代入法 $x_{n+1} = g(x_n)$ において $g(x) = x - f(x)/f'(x)$ とした場合に相当する．実際，$x = \alpha$ を方程式 $f(x) = 0$ の解で $f'(\alpha) \neq 0$ を満たすものとすると

$$g(\alpha) = \alpha - \frac{f(\alpha)}{f'(\alpha)} = \alpha$$

が成り立つ．この変換関数 g を用いて，解に収束する逐次近似列が構成されるための条件について調べてみよう．

定理 2.4 $f(x)$ を **R** 上の C^2 級の関数とし，ある α に対して $f(\alpha) = 0$, $f'(\alpha) \neq 0$ を満たすとする．このとき，ある正数 $\delta > 0$ がとれて，区間 $[\alpha - \delta, \alpha + \delta]$ 内の任意の初期値 x_0 に対し，ニュートン法によって得られる数列 $\{x_n\}$ は方程式 $f(x) = 0$ の解 α に一意に収束する．

2.5 ニュートン法

【証明】 定理 2.1 を用いて，(2.5) による反復が解 α に収束することを示す．そのためには，変換関数 $g(x) := x - f(x)/f'(x)$ が α を含むある区間において，定理 2.1 の仮定を満たしていることを確かめればよい．

まず，$f(x)$ は C^2 級なので $f'(x)$ は連続であり，また仮定より $f'(\alpha) \neq 0$ であるから，$\delta > 0$ が十分小さければ，$[\alpha - \delta, \alpha + \delta]$ 上で $f'(x) \neq 0$ が成り立つ．したがって，$g(x)$ はこの区間内で微分可能である．

$g(x)$ を x で微分すると

$$g'(x) = \frac{f(x) f''(x)}{f'(x)^2}$$

となり，$f'(\alpha) \neq 0$ より，$g'(x)$ は $x = \alpha$ の近傍で連続である．$x = \alpha$ とおいて $f(\alpha) = 0$ を用いると，

$$g'(\alpha) = \frac{f(\alpha) f''(\alpha)}{f'(\alpha)^2} = 0$$

となり，$g'(x)$ の連続性から，$\delta > 0$ が十分小さければ，ある正定数 $K \in (0, 1)$ に対して $[\alpha - \delta, \alpha + \delta]$ 上で $|g'(x)| < K$ を満たすことがわかる．

最後に，平均値の定理を用いることにより，任意の $x \in [\alpha - \delta, \alpha + \delta]$ に対して

$$|g(x) - \alpha| = |g'(\xi)(x - \alpha)| \leq K|x - \alpha| < \delta$$

(ただし，ξ は x と α の間の実数) が成り立つから，$g(x) \in (\alpha - \delta, \alpha + \delta)$ を得る．よって，$\{g(x) : x \in [\alpha - \delta, \alpha + \delta]\} \subset (\alpha - \delta, \alpha + \delta)$ が満たされた．

以上をまとめると，十分小さい $\delta > 0$ に対し，変換関数 $g(x) = x - f(x)/f'(x)$ は以下の条件を満たしていることがわかった．

(ⅰ) $g(x)$ は $[\alpha - \delta, \alpha + \delta]$ 上で連続．

(ⅱ) $\{g(x) : x \in [\alpha - \delta, \alpha + \delta]\} \subset (\alpha - \delta, \alpha + \delta)$.

(ⅲ) $g(x)$ は $(\alpha - \delta, \alpha + \delta)$ で微分可能で，$[\alpha - \delta, \alpha + \delta]$ 上で $|g'(x)| < K < 1$．

よって，区間 $[\alpha - \delta, \alpha + \delta]$ に対して定理 2.1 の仮定がすべて満たされ，

ニュートン法による数列 $\{x_n\}$ は $g(x) = 0$ の解 α に収束することが示された. □

上の証明からわかるように, $f(x)$ が滑らかな関数で $f(\alpha) = 0$ および $f'(\alpha) \neq 0$ を満たすならば, ニュートン法による反復 (2.5) は収束するための条件を満たしているだけでなく, $\delta > 0$ を十分小さくとることにより $K > 0$ をいくらでも小さくとることができる. これは, ニュートン法による近似列が 1 次収束する通常の代入法よりも速く収束することを意味している.

ニュートン法によって定まる数列 $\{x_n\}$ がどのように解に収束するか, より精密に調べてみよう. そのために, 次のテイラーの定理を用意しておく.

> **テイラーの定理** 関数 $f(x)$ は区間 I で C^2 級であるとする. このとき, この区間内にある任意の $x, y \in I$ に対し, x と y の間にある実数 ξ が存在して,
> $$f(y) = f(x) + f'(x)(y - x) + \frac{1}{2}f''(\xi)(y - x)^2$$
> が成り立つ.

ニュートン法の公式 (2.5) および $f(\alpha) = 0$ を用いると, x_{n+1} に含まれる誤差は
$$x_{n+1} - \alpha = \left\{ x_n - \frac{f(x_n)}{f'(x_n)} \right\} - \left\{ \alpha - \frac{f(\alpha)}{f'(x_n)} \right\}$$
$$= (x_n - \alpha) - \frac{f(x_n) - f(\alpha)}{f'(x_n)}$$
と計算できる. テイラーの定理で $x = x_n$, $y = \alpha$ とおくと, x_n と α の間の実数 ξ_n を用いて
$$f(\alpha) = f(x_n) + f'(x_n)(\alpha - x_n) + \frac{1}{2}f''(\xi_n)(\alpha - x_n)^2$$
となり, これを変形して
$$(x_n - \alpha) - \frac{f(x_n) - f(\alpha)}{f'(x_n)} = \frac{f''(\xi_n)}{2f'(x_n)}(x_n - \alpha)^2$$

を得る．これより

$$x_{n+1} - \alpha = \frac{f''(\xi_n)}{2f'(x_n)}(x_n - \alpha)^2 \simeq \frac{f''(\alpha)}{2f'(\alpha)}(x_n - \alpha)^2 \quad (2.6)$$

が得られる．

これは，$f'(\alpha) \neq 0$ かつ $f''(\alpha) \neq 0$ のとき，ニュートン法によって得られる逐次近似列に含まれる誤差は $(x_n - \alpha)^2$ にほぼ比例し，したがって，2次収束することを表している．

注意3 ニュートン法による数列は常に解に収束するとは限らない．図2.5のような場合には確かに数列$\{x_n\}$は解 α に収束しそうだが，例えば図2.6のような場合，数列$\{x_n\}$は周期的になり，いつまで経っても解に収束しない．また，解 α が重解の場合，すなわち $f'(\alpha) = 0$ のときには(2.6)において $f''(\xi_n)/f'(\xi_n)$ の値が大きくなるため，一般には1次収束程度の速さしか期待できない．

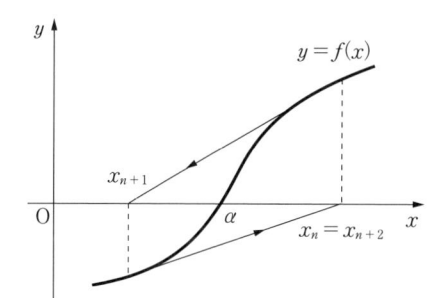

図2.6 ニュートン法が収束しない場合

2.6 連立非線形方程式

2.6.1 2次元ニュートン法

定理2.4で示したように，未知数が1個の非線形方程式に対しては，ニュートン法による反復は収束のための条件を満たしている．そこで，これにならって，連立の非線形方程式に対するニュートン法を導入しよう．

次の形の未知数 x と y に関する連立非線形方程式

$$\begin{cases} f(x, y) = 0 \\ g(x, y) = 0 \end{cases} \quad (2.7)$$

を考える．ただし，$f(x,y)$ および $g(x,y)$ は滑らかな2変数関数である．

いま，$(x,y) = (\alpha, \beta)$ をこの連立方程式の1つの解とし，近似解 (x_n, y_n) が解 (α, β) の近くにあると仮定して $f(x,y)$ を (x_n, y_n) のまわりで1次の項まで展開すると，近似式[4]

$$f(x,y) \simeq f(x_n, y_n) + (x - x_n)f_x(x_n, y_n) + (y - y_n)f_y(x_n, y_n)$$
$$g(x,y) \simeq g(x_n, y_n) + (x - x_n)g_x(x_n, y_n) + (y - y_n)g_y(x_n, y_n)$$
(2.8)

が得られる．ただし，

$$f_x(x,y) = \frac{\partial}{\partial x}f(x,y), \qquad f_y(x,y) = \frac{\partial}{\partial y}f(x,y)$$
$$g_x(x,y) = \frac{\partial}{\partial x}g(x,y), \qquad g_y(x,y) = \frac{\partial}{\partial y}g(x,y)$$

である．

ここで，(2.8) の右辺が0となるように x_{n+1} と y_{n+1} を選ぶ．すなわち，(x_{n+1}, y_{n+1}) を

$$f(x_n, y_n) + (x_{n+1} - x_n)f_x(x_n, y_n) + (y_{n+1} - y_n)f_y(x_n, y_n) = 0$$
$$g(x_n, y_n) + (x_{n+1} - x_n)g_x(x_n, y_n) + (y_{n+1} - y_n)g_y(x_n, y_n) = 0$$

を満たすように定める．これをベクトルと行列を使ってまとめると

$$\begin{pmatrix} f(x_n, y_n) \\ g(x_n, y_n) \end{pmatrix} + J(x_n, y_n) \begin{pmatrix} x_{n+1} - x_n \\ y_{n+1} - y_n \end{pmatrix} = \begin{pmatrix} 0 \\ 0 \end{pmatrix}$$

と表せる[5]．ここで $J(x_n, y_n)$ はヤコビ行列

$$J(x_n, y_n) := \begin{pmatrix} f_x(x_n, y_n) & f_y(x_n, y_n) \\ g_x(x_n, y_n) & g_y(x_n, y_n) \end{pmatrix}$$

である．

$J(x_n, y_n)$ が正則であると仮定すると，

---

[4] これは2変数関数に対するテイラーの定理から導かれる．

[5] 行列の演算に慣れていない読者は，第4章に基本的な性質をまとめておいたので，先に読まれるとよい．

2.6 連立非線形方程式

$$\begin{pmatrix} x_{n+1} \\ y_{n+1} \end{pmatrix} = \begin{pmatrix} x_n \\ y_n \end{pmatrix} - J(x_n, y_n)^{-1} \begin{pmatrix} f(x_n, y_n) \\ g(x_n, y_n) \end{pmatrix}$$

という式が得られる．この式に従って反復し，連立方程式(2.7)の解の逐次近似列を構成する方法を **2次元ニュートン法** という．

2次元ニュートン法

$$\begin{pmatrix} x_{n+1} \\ y_{n+1} \end{pmatrix} = \begin{pmatrix} x_n \\ y_n \end{pmatrix} - \begin{pmatrix} f_x(x_n, y_n) & f_y(x_n, y_n) \\ g_x(x_n, y_n) & g_y(x_n, y_n) \end{pmatrix}^{-1} \begin{pmatrix} f(x_n, y_n) \\ g(x_n, y_n) \end{pmatrix}$$

$$(n = 0, 1, 2, \cdots)$$

これは形式的には，未知数が1個の場合のニュートン法を未知数が2個の場合に書き換えた形になっていることに注意しよう．後で述べるように，2次元ニュートン法は1次元ニュートン法と同様，一般的な条件のもとで2次収束することが示される．

例題 2.5

連立方程式

$$\begin{cases} 2x - \sin y = 0 \\ 2y - \cos x = 0 \end{cases}$$

の解を2次元ニュートン法で求めよ．

【解】 $f(x, y) = 2x - \sin y, \quad g(x, y) = 2y - \cos x$
とおき，ヤコビ行列を計算すると，

$$J(x_n, y_n) = \begin{pmatrix} f_x(x_n, y_n) & f_y(x_n, y_n) \\ g_x(x_n, y_n) & g_y(x_n, y_n) \end{pmatrix} = \begin{pmatrix} 2 & -\cos y_n \\ \sin x_n & 2 \end{pmatrix}$$

である．ここで

$$\det J(x_n, y_n) = 4 + \sin x_n \cos y_n \neq 0$$

であるから，ヤコビ行列は正則で逆行列をもつ．

以上より，2次元ニュートン法の公式は

$$\begin{pmatrix} x_{n+1} \\ y_{n+1} \end{pmatrix} = \begin{pmatrix} x_n \\ y_n \end{pmatrix} - \begin{pmatrix} 2 & -\cos y_n \\ \sin x_n & 2 \end{pmatrix}^{-1} \begin{pmatrix} f(x_n, y_n) \\ g(x_n, y_n) \end{pmatrix}$$

となる．なお，逆行列を計算する代わりに，

$$\begin{pmatrix} 2 & -\cos y_n \\ \sin x_n & 2 \end{pmatrix} \begin{pmatrix} x_{n+1} - x_n \\ y_{n+1} - y_n \end{pmatrix} = - \begin{pmatrix} f(x_n, y_n) \\ g(x_n, y_n) \end{pmatrix}$$

を未知数 x_{n+1}, y_{n+1} に関する連立 1 次方程式とみなして解き，x_{n+1}, y_{n+1} を求めてもよい．

例えば，初期値を $(x_0, y_0) = (0.5, 0.5)$ として計算すると，表 2.3 のような結果が得られる．

この表からわかるように，$f(x_n, y_n)$, $g(x_n, y_n)$ の値はともに急速に 0 に近づいていく．図 2.7 に，近似列が収束する様子を表示する．

表 2.3 2 次元ニュートン法による非線形連立方程式の解の計算

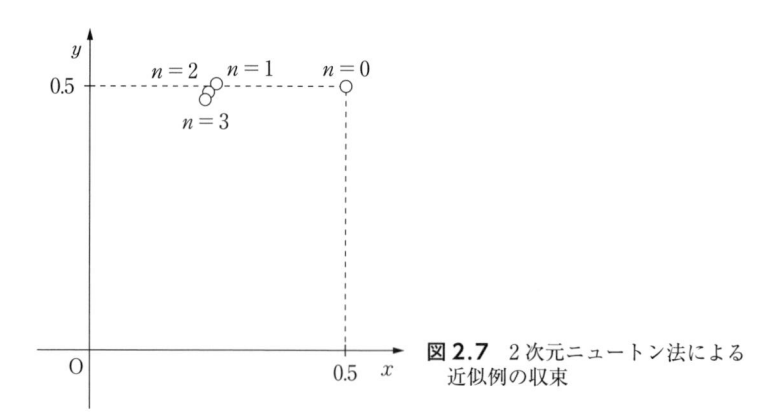

反復の回数 n	x_n	y_n	$f(x_n, y_n)$	$g(x_n, y_n)$
0	0.500000	0.500000	0.520574	0.122417
1	0.240183	0.501073	0.000000	0.030851
2	0.233754	0.486412	0.000051	0.000020
3	0.233726	0.486405	0.000000	0.000000

図 2.7 2 次元ニュートン法による近似例の収束

2.6.2 多元連立非線形方程式

次に，より未知数の多い連立の非線形方程式について考えよう．代入法やニュートン法は一般の連立非線形方程式に対しても適用することができるが，その説明には多少の準備が必要である．

2.6 連立非線形方程式

滑らかな関数 $f_1, f_2, \cdots, f_N$ に対して，$x_1, x_2, \cdots, x_N$ を未知数とする連立方程式

$$\begin{cases} f_1(x_1, x_2, \cdots, x_N) = 0 \\ f_2(x_1, x_2, \cdots, x_N) = 0 \\ \qquad \vdots \\ f_N(x_1, x_2, \cdots, x_N) = 0 \end{cases} \tag{2.9}$$

を考える．ベクトル表示

$$\bm{x} = \begin{pmatrix} x_1 \\ x_2 \\ \vdots \\ x_N \end{pmatrix}, \quad \bm{f}(\bm{x}) = \begin{pmatrix} f_1(x_1, x_2, \cdots, x_N) \\ f_2(x_1, x_2, \cdots, x_N) \\ \vdots \\ f_N(x_1, x_2, \cdots, x_N) \end{pmatrix}, \quad \bm{0} = \begin{pmatrix} 0 \\ 0 \\ \vdots \\ 0 \end{pmatrix}$$

を用いると，連立非線形方程式 (2.9) は簡単に

$$\bm{f}(\bm{x}) = \bm{0} \tag{2.10}$$

と表すことができ，形式的には未知数が 1 個の場合と同じ形で扱える．

方程式 (2.9) をそれと同値な形の方程式

$$\begin{cases} x_1 = g_1(x_1, x_2, \cdots, x_N) \\ x_2 = g_2(x_1, x_2, \cdots, x_N) \\ \qquad \vdots \\ x_N = g_N(x_1, x_2, \cdots, x_N) \end{cases}$$

に書き直し，これをベクトル表示したものを

$$\bm{x} = \bm{g}(\bm{x}) \tag{2.11}$$

としよう．適当な初期値 $\bm{x}_0$ を選んで反復

$$\bm{x}_{n+1} = \bm{g}(\bm{x}_n) \qquad (n = 0, 1, 2, \cdots) \tag{2.12}$$

を行ない，これが，ある $\bm{\alpha} = (\alpha_1, \alpha_2, \cdots, \alpha_n)$ に収束すれば，連立方程式 (2.9) あるいは (2.10) の解が代入法により計算できることになる．

2.6.3 変換写像と不動点

関数 $\bm{g}$ は N 次元ベクトル $\bm{x}$ を N 次元ベクトル $\bm{g}(\bm{x})$ に対応させるはたらきをもつ $\mathbf{R}^N$ から $\mathbf{R}^N$ への写像である．反復式 (2.12) では写像 $\bm{g}$ を用いて n 番目の近似値 $\bm{x}_n$ を変換し，次の近似値 $\bm{x}_{n+1}$ を生成していることから，

g を **変換写像** と呼ぶ．方程式(2.10)の解 α を g で変換すると，(2.11)より，また α という同じ値をとる．これをベクトルの変換の立場から言い換えると，方程式(2.10)の解 α は写像 g によって不変な点に対応している．このような点のことを写像 g の **不動点** と呼ぶ．すなわち，方程式 $f(x) = 0$ を解くことと，g の不動点を見つけることは同じである．

不動点を見つけようとする場合，適当な領域 D を考え，その中にある不動点を探すのが普通である．この場合，g は $\mathbf{R}^N$ 全体で定義されている必要はなく，D が定義域に含まれていれば十分である．写像の不動点については数学的な理論が確立しており，これが代入法についても理論的な基礎を与える．以下では，写像の不動点の立場から，代入法による逐次近似法について考察しよう．

方程式(2.10)を変形して(2.11)と書き直し，これを代入法によって解こうとするときの問題点を，写像の不動点の立場から整理すると以下の通りである．

（ⅰ）　g に不動点は存在するか．

（ⅱ）　g の不動点は一意的か．

（ⅲ）　代入法によって得られる点列が g の不動点に収束するか．

言い換えれば，（ⅰ）は「方程式に解が存在するか」という問題である．方程式(2.10)に解がなければ，当然ではあるが g に不動点はなく，逆も成り立つ．（ⅰ）の解の存在に関する問題は代入法がうまくいくための大前提といってよいが，一般には解があるかどうかは前もっては簡単にわからないことが多い．

次に，（ⅱ）は「方程式の解は1つに限るか」という問題である．例えば2次方程式を考えるとすぐにわかるように，一般に方程式の解は1つとは限らず，したがって，写像の不動点は1個とは限らない．このような場合には代入法を一度だけ用いることによってすべての解を求めることはできない．また，初期値をいろいろ変えて代入法を繰り返し適用しても，すべての解が見つかるとは限らない．

最後の問題点（ⅲ）は，方程式に関する問題ではなく，代入法の設計に関する問題である．方程式(2.11)に対し，たとえ（ⅰ），さらに（ⅱ）が満たされていたとしても，必ずしも反復で得られる点列が収束するとは限らないからである．実際，初期値を解の近くに選んだとしても，代入法によってその解に収束するとは限らず，収束するかどうかは方程式(2.10)の変形の仕方による．

2.6.4 縮小写像

では，変換関数 g をどのように選べばよいのだろうか．$N=1$ の場合には，定理 2.1 が代入法が収束するための条件を与えたが，ここではそれを N 次元に一般化しよう．以下では，N 次元のベクトル $\boldsymbol{x} = (x_1, x_2, \cdots, x_N) \in \mathbf{R}^N$ に対し，その大きさをユークリッドノルムと呼ばれる量

$$\|\boldsymbol{x}\| = \sqrt{x_1^2 + x_2^2 + \cdots + x_N^2}$$

で測る．

g が閉領域 $D \subset \mathbf{R}^N$ を定義域とする $\mathbf{R}^N$ への写像で次の条件を満たすとき，g を**縮小写像**という．

(ⅰ) すべての $\boldsymbol{x} \in D$ に対して $g(\boldsymbol{x}) \in D$．

(ⅱ) ある定数 $0 < K < 1$ が存在し，すべての $\boldsymbol{x}, \boldsymbol{y} \in D$ に対して
$$\|g(\boldsymbol{x}) - g(\boldsymbol{y})\| \leq K \|\boldsymbol{x} - \boldsymbol{y}\|.$$

g が縮小写像であれば，写像 g によって 2 点間の距離は必ず縮むことになる．

次の定理は，定理 2.1 の一般化である．

定理 2.5（縮小写像の原理） g を閉領域 $D \subset \mathbf{R}^N$ を定義域とする縮小写像とする．このとき，g の不動点 $\boldsymbol{\alpha}$ が D 内に一意に存在し，反復
$$\boldsymbol{x}_{n+1} = g(\boldsymbol{x}_n) \qquad (n = 0, 1, 2, \cdots)$$
で定義される点列 $\{\boldsymbol{x}_n\}$ はすべて D に含まれ，また初期値 $\boldsymbol{x}_0 \in D$ の選び方に無関係に $\boldsymbol{\alpha}$ に収束する．

【証明】 まず，D 内の点 $\bm{x}_0$ を 1 つ固定すると，縮小写像の条件（ⅰ）を繰り返し使うことにより，すべての $n = 1, 2, \cdots$ について $\bm{x}_{n+1} \in D$ となることがわかる．

次に，縮小写像の条件（ⅱ）より，
$$\|\bm{x}_{n+1} - \bm{x}_n\| = \|\bm{g}(\bm{x}_n) - \bm{g}(\bm{x}_{n-1})\| \leq K \|\bm{x}_n - \bm{x}_{n-1}\|$$
が成り立つ．これを繰り返し用いると
$$\begin{aligned}\|\bm{x}_{n+1} - \bm{x}_n\| &\leq K \|\bm{x}_n - \bm{x}_{n-1}\| \\ &\leq K^2 \|\bm{x}_{n-1} - \bm{x}_{n-2}\| \\ &\vdots \\ &\leq K^n \|\bm{x}_1 - \bm{x}_0\|\end{aligned}$$
が得られる．さらに，これを用いると，すべての $i < j$ に対し，
$$\begin{aligned}\|\bm{x}_j - \bm{x}_i\| &= \|\bm{x}_j - \bm{x}_{j-1} + \bm{x}_{j-1} - \bm{x}_{j-2} + \cdots + \bm{x}_{i+1} - \bm{x}_i\| \\ &\leq \|\bm{x}_j - \bm{x}_{j-1}\| + \|\bm{x}_{j-1} - \bm{x}_{j-2}\| + \cdots + \|\bm{x}_{i+1} - \bm{x}_i\| \\ &\leq (K^{j-1} + K^{j-2} + \cdots + K^i)\|\bm{x}_1 - \bm{x}_0\| \\ &= \frac{K^i - K^j}{1 - K} \|\bm{x}_1 - \bm{x}_0\|\end{aligned}$$
が得られる．$0 < K < 1$ であることから，任意の $\varepsilon > 0$ に対し，ある正の整数 m が存在して，すべての $i, j \geq m$ について $\|\bm{x}_j - \bm{x}_i\| < \varepsilon$ が成り立つ．すなわち，点列 $\{\bm{x}_n\}$ はいわゆる**コーシー列**となる．

D は閉集合なので，解析学の基本的な理論[6]により，点列 $\{\bm{x}_n\}$ は D 内のある点に収束する．この点を $\bm{\alpha} \in D$ とする．条件（ⅱ）より，$\bm{g}$ は D 上で連続であることは容易に示されるので，$\bm{x}_{n+1} = \bm{g}(\bm{x}_n)$ において $n \to \infty$ とすると $\bm{\alpha} = \bm{g}(\bm{\alpha})$ を得る．よって，$\bm{\alpha}$ は $\bm{g}$ の不動点である．

最後に，$\bm{g}$ の不動点は 1 つだけであることを示そう（一意性）．$\bm{\alpha}$ と $\tilde{\bm{\alpha}}$ を $\bm{g}$ の不動点とすると
$$\|\bm{\alpha} - \tilde{\bm{\alpha}}\| = \|\bm{g}(\bm{\alpha}) - \bm{g}(\tilde{\bm{\alpha}})\| \leq K \|\bm{\alpha} - \tilde{\bm{\alpha}}\|$$

---

[6] 閉集合 D 内のコーシー列 $\{\bm{x}_n\}$ が収束し，その極限値は必ず D 内にある．

が成り立つ．$0 < K < 1$ より，$\|\boldsymbol{\alpha} - \tilde{\boldsymbol{\alpha}}\| = 0$，すなわち $\boldsymbol{\alpha} = \tilde{\boldsymbol{\alpha}}$ を得る．よって，不動点は1つしかない． □

2.6.5 高次元ニュートン法

　縮小写像の原理から，代入法が収束するための1つの十分条件が得られたことになるが，実際に g がこの条件を満たすように変形する方法は明らかではない．変形した方程式がたまたまこの条件を満たせばよいが，特に未知数の数が多いと条件を満たすかどうかはすぐにはわからない．そこで，普通は単なる代入法ではなく，多少は手間がかかるが，最初からニュートン法の考え方を使って g を選んだ方がよい．

　高次元ニュートン法の考え方は，2次元ニュートン法と同じである．まず，
$$\boldsymbol{f}(\boldsymbol{x}) \simeq \boldsymbol{f}(\boldsymbol{x}_n) + J(\boldsymbol{x}_n)(\boldsymbol{x} - \boldsymbol{x}_n)$$
と近似する．ただし，
$$J(\boldsymbol{x}_n) = \left(\frac{\partial f_i}{\partial x_j}\right) = \begin{pmatrix} \frac{\partial f_1}{\partial x_1} & \cdots & \frac{\partial f_1}{\partial x_N} \\ \vdots & \ddots & \vdots \\ \frac{\partial f_N}{\partial x_1} & \cdots & \frac{\partial f_N}{\partial x_N} \end{pmatrix}$$
は，ヤコビ行列である．そこで，方程式 (2.10) を解く代わりに，
$$\boldsymbol{f}(\boldsymbol{x}_n) + J(\boldsymbol{x}_n)(\boldsymbol{x} - \boldsymbol{x}_n) = 0$$
を解くと，
$$\boldsymbol{x} = \boldsymbol{x}_n - J^{-1}(\boldsymbol{x}_n)\boldsymbol{f}(\boldsymbol{x}_n)$$
が得られるので，これを $n+1$ 番目の近似解とする．ただし，$J^{-1}(\boldsymbol{x}_n)$ は $J(\boldsymbol{x}_n)$ の逆行列である．

高次元ニュートン法
$$\boldsymbol{x}_{n+1} = \boldsymbol{x}_n - J^{-1}(\boldsymbol{x}_n)\boldsymbol{f}(\boldsymbol{x}_n) \qquad (n = 0, 1, 2, \cdots)$$

　実際には逆行列の計算は面倒なので，$\boldsymbol{y}_n = \boldsymbol{x}_{n+1} - \boldsymbol{x}_n$ とおいて高次元ニュートン法の公式を

$$J(\boldsymbol{x}_n)\boldsymbol{y}_n = -\boldsymbol{f}(\boldsymbol{x}_n)$$

と変形し，これを $\boldsymbol{y}_n$ に対する連立 1 次方程式とみなして解いた後に，$\boldsymbol{x}_{n+1} = \boldsymbol{x}_n + \boldsymbol{y}_n$ として計算した方がよい．

次の定理は，高次元ニュートン法による反復が収束することを保証している．

定理 2.6 $\boldsymbol{f}(\boldsymbol{x})$ を $\mathbf{R}^N$ から $\mathbf{R}^N$ への C^2 級の関数とし，ある $\boldsymbol{\alpha}$ に対して $\boldsymbol{f}(\boldsymbol{\alpha}) = \boldsymbol{0}$ を満たし，またヤコビ行列 $J(\boldsymbol{\alpha})$ は逆行列をもつと仮定する．このとき，ある正数 $\delta > 0$ を十分小さくとれば，$\|\boldsymbol{x}_0 - \boldsymbol{\alpha}\| < \delta$ を満たす任意の初期値 $\boldsymbol{x}_0$ に対し，高次元ニュートン法によって得られる点列 $\{\boldsymbol{x}_n\}$ は方程式 $\boldsymbol{f}(\boldsymbol{x}) = \boldsymbol{0}$ の解 $\boldsymbol{\alpha}$ に収束する．

この定理の証明は，行列の計算がやや煩雑になるが，定理 2.4 の証明とまったく同じ方針で得られるので省略する．

第3章

代数方程式

　非線形方程式 $f(x) = 0$ において，$f(x)$ が x の n 次多項式となっている場合を n 次代数方程式という．代数学の基本定理により，n 次代数方程式には（重複を含めて）ちょうど n 個の（複素数）解が存在する．一般の非線形方程式に対する数値解法では，1つの解を求めることを目標としていたが，代数方程式に対してすべての解を求めることが目標となる．この章では，代数方程式を解くための方法として，因数分解に基づいて解を順に求めていく組立除法と，逐次近似法によってすべての解を同時に求めるための数値解法について解説する．

3.1 代数方程式の性質

3.1.1 代数方程式

$f(x)$ が x の n 次多項式のとき，方程式 $f(x) = 0$ を **n 次代数方程式** といい，$f(x)$ が多項式ではない非線形関数のとき，方程式 $f(x) = 0$ を **超越方程式** という．代数方程式には超越方程式にはない特別な性質がいくつかあり，異なる取り扱いが可能となる．代数方程式においては，最高次の係数が 1 であるとしても一般性を失わないことに注意し，この章では主に

$$x^n + a_1 x^{n-1} + \cdots + a_{n-1} x + a_n = 0 \tag{3.1}$$

の形の方程式について考えていくことにする．

超越方程式に対しては一般に解が全部でいくつあるかを特定することは難しいのに対し，n 次代数方程式には（重複を含めて）ちょうど n 個の複素数解が存在することがわかっている．これは **代数学の基本定理** と呼ばれており，史上最大の数学者といわれるガウスによって 18 世紀に証明された．

次に，代数方程式は因数分解により解を見つけることができ，また，逆に解 α が 1 つ見つかれば，$f(x)$ を因数分解することができる．実際，因数定理により $f(x)$ は $x - \alpha$ で割り切れ，これにより，1 つ次数の下がった $n - 1$ 次代数方程式が導かれる．さらには，実数係数の代数方程式の場合，複素数解は必ず共役複素数との対として現れる．

このような性質を有効に用いることにより，代数方程式のすべての解を数値的に求めることが可能となる．

3.1.2 解の公式

まず，1 次方程式 $ax + b = 0$ の場合，$a \neq 0$ であることをチェックした後，単に $x = -b/a$ とすれば解が求まる．次に，2 次方程式

$$ax^2 + bx + c = 0 \quad (a \neq 0)$$

の場合，解の公式より 2 つの解は

$$x = \frac{-b \pm \sqrt{b^2 - 4ac}}{2a}$$

と表せる．ただし，第1章の例1でも述べたように，$b^2 \gg |4ac|$ の場合には桁落ちが生じるため注意が必要で，この場合には分母と分子に $-b \mp \sqrt{b^2 - 4ac}$ を掛けて，

$$x = \frac{2c}{-b \mp \sqrt{b^2 - 4ac}}$$

のように分子の有理化を行なった公式を併用し，桁落ちが生じないように工夫する．

さらに，3次方程式にはカルダノの公式，4次方程式にはフェラーリの公式と呼ばれる公式が知られているので，係数の値を公式に代入することにより，原理的には解を計算できる．しかしながら，これらの公式は煩雑な形をしており，それほど実用的とはいえない．また，5次以上の代数方程式に対しては，19世紀の数学者アーベルとガロアによって，一般的な解の公式は存在しないことが示されている．もう少し詳しくいえば，方程式(3.1)に対し，係数 $a_1, a_2, \cdots, a_n$ に対する有限回の代数的操作（加減乗除および累乗根）では解を表現することはできないことがわかっている．

以上の理由により，数値計算の立場からは，3次以上の代数方程式に対しては逐次近似法によって解を計算するのが普通である．以下では，代数方程式(3.1)のすべての解を，逐次近似法によって計算する方法について解説しよう．

3.2　1次因子の組立除法

3.2.1　複素ニュートン法

この節では，$a_1, a_2, \cdots, a_n$ は与えられた複素数とし，方程式(3.1)の解（複素数を含む）の計算法について解説する．

複素数を係数とする方程式を扱うことを明示するために，未知数として

x の代わりに z を用い，次の形の n 次代数方程式

$$f(z) := z^n + a_1 z^{n-1} + \cdots + a_n = 0 \tag{3.2}$$

について考える．この方程式を解くために，まず1つの解 α_1 を計算する．そのためには，例えば（複素）ニュートン法などの逐次近似法で計算すればよい．複素数値のニュートン法の公式は実数の場合とまったく同じである．すなわち，z_k を複素数値とし，反復

$$z_{k+1} = z_k - \frac{f(z_k)}{f'(z_k)} \qquad (k = 0, 1, 2, \cdots) \tag{3.3}$$

を行なう．ただし，係数 $a_1, a_2, \cdots, a_n$ がすべて実数の場合には，初期値 z_0 を実数から選ぶと反復で得られる数列はすべて実数となり，複素数解が計算できないことになるので注意が必要である．

逐次近似法を行なう際には，まず適当な初期値 z_0 を選ぶことになるが，うまい初期値を選ぶためには，解が存在する範囲をある程度押さえておくとよい．この目的のためには，次の補題が有用である．

> **補題** 正の数 $M > 0$ を
> $$M := \max\{|a_1|, |a_2|, \cdots, |a_n|\}$$
> としたとき，方程式(3.2)の解 α の絶対値 $|\alpha|$ は $M + 1$ 未満である．すなわち，すべての解は複素平面上の
> $$\{z \in \mathbf{C} : |z| < \max\{|a_1|, |a_2|, \cdots, |a_n|\} + 1\}$$
> の範囲にある．

【証明】 方程式(3.2)の解 α が $|\alpha| \geq M + 1$ を満たすと仮定して矛盾を導こう．方程式(3.2)より，α は

$$-\alpha^n = a_1 \alpha^{n-1} + a_2 \alpha^{n-2} + \cdots + a_n \tag{3.4}$$

を満たす．この式の両辺の絶対値をとると，M の定義より

$$|\alpha|^n = |a_1 \alpha^{n-1} + a_2 \alpha^{n-2} + \cdots + a_n|$$
$$\leq |a_1||\alpha|^{n-1} + |a_2||\alpha|^{n-2} + \cdots + |a_n|$$
$$\leq M|\alpha|^{n-1} + M|\alpha|^{n-2} + \cdots + M$$

$$= M\frac{|\alpha|^n - 1}{|\alpha| - 1}$$

が得られる．ここで仮定より $0 < M \leq |\alpha| - 1$ なので，

$$M\frac{|\alpha|^n - 1}{|\alpha| - 1} \leq |\alpha|^n - 1$$

である．したがって，$|\alpha|^n \leq |\alpha|^n - 1$ となり矛盾する．よって，$|\alpha| < M + 1$ が示された． □

この補題は解の近似という面からするとかなり大雑把であるが，初期値をとりあえず選ぶにはこれで十分であろう．

3.2.2 1次因子の組立除法

さて，方程式(3.2)の1つの解 α_1 が得られたとすると，因数定理により $f(z)$ は $z - \alpha_1$ で割り切れて，

$$f(z) = (z - \alpha_1)g(z)$$

と表せる．ここで，$g(z)$ は $n - 1$ 次多項式

$$g(z) = z^{n-1} + b_1 z^{n-2} + \cdots + b_{n-1}$$

で，その係数 $b_1, b_2, \cdots, b_{n-1}$ は $a_1, a_2, \cdots, a_n$ および α_1 を用いて

$$b_1 = a_1 + \alpha_1$$
$$b_2 = a_2 + b_1\alpha_1$$
$$\vdots$$
$$b_j = a_j + b_{j-1}\alpha_1$$
$$\vdots$$
$$b_{n-1} = a_{n-1} + b_{n-2}\alpha_1$$

と計算される．

さらに，$n - 1$ 次代数方程式 $g(z) = 0$ の1つの解 α_2 が得られたとすると，$g(z)$ を $z - \alpha_2$ で割ることにより，$n - 2$ 次代数方程式が導かれる．これを繰り返すことにより，すべての解を順に求めることができる．

このようにして，すべての解を求める方法を **1次因子の組立除法** という．

1次因子の組立除法

Step 1： 初期値 z_0 を選ぶ．
Step 2： 反復法により 1 つの解 α を求める．
Step 3： $f(z) = (z - \alpha)g(z)$ と表したときの多項式 $g(z)$ を求める．
Step 4： $f(z)$ を $g(z)$ で置き換えて Step 1 に戻る．

1 次因子の組立除法の原理は大変わかりやすく，プログラミングも容易である．複素数の計算が必要なところはやや面倒ではあるが，逆に複素係数の方程式も解くことができる点は長所となる．ただし，次数の高い方程式の場合，因数分解を繰り返すうちに係数に誤差が累積し，最初の方で得られた解と終わりの方で得られた解の精度が異なるという問題点がある．そこで，すべての解を計算した後で，元の方程式にもう一度ニュートン法などの逐次近似法を適用し，解の精度を上げておく必要がある．

例題 3.1

方程式
$$z^5 + 3z^4 + 2\sqrt{-1}\,z^3 - 4z^2 - 2z + \sqrt{-1} = 0$$
のすべての解を，1 次因子の組立除法を用いて計算せよ．

【解】 補題より，解はすべて $\{z \in \mathbf{C} : |z| < 5\}$ の範囲にあるとわかる．そこで，例えば初期値を $z_0 = \sqrt{-1}$ とおいてニュートン法による反復 (3.3) を行なうと，1 つの解
$$\alpha_1 \simeq 0.137604 + 0.290825\sqrt{-1}$$
が計算できる．そして，$f(z)$ を $z - \alpha_1$ で割ることにより，4 次方程式
$$z^4 + b_1 z^3 + b_2 z^2 + b_3 z + b_4 = 0$$
が得られる．ここで各係数は，

$$b_1 = a_1 + \alpha_1 = 3 + \alpha_1 \simeq 3.137604 + 0.290825\sqrt{-1}$$
$$b_2 = a_2 + b_1 \alpha_1 = 2\sqrt{-1} + b_1 \alpha_1 \simeq 0.347169 + 2.952513\sqrt{-1}$$
$$b_3 = a_3 + b_2 \alpha_1 = -4 + b_2 \alpha_1 \simeq -4.810893 + 0.507244\sqrt{-1}$$

$$b_4 = a_4 + b_3\alpha_1 = -2 + b_3\alpha_1 \simeq -2.809519 - 1.3293290\sqrt{-1}$$

となる．

再び，初期値を $z_0 = \sqrt{-1}$ とおいて複素ニュートン法を適用し，同じ手続きを繰り返せば，残りの解が順に

$$\alpha_2 \simeq -0.792627 - 0.015135\sqrt{-1}$$
$$\alpha_3 \simeq -0.678980 - 0.867170\sqrt{-1}$$
$$\alpha_4 \simeq 1.177769 - 0.238411\sqrt{-1}$$
$$\alpha_5 \simeq 2.843766 - 0.829891\sqrt{-1}$$

と計算される． □

3.3 2次因子の組立除法

3.3.1 係数が実数の場合

この節では，係数 $a_1, a_2, \cdots, a_n$ がすべて実数であるような代数方程式(3.1)について考える．この場合，複素数 α が解ならば，その共役複素数 $\bar{\alpha}$ もまた解となる．実際，$a_1, a_2, \cdots, a_n$ を実数とするとき，$f(z)$ の共役をとると，

$$\overline{f(z)} = \overline{z^n + a_1 z^{n-1} + \cdots + a_n}$$
$$= \bar{z}^n + a_1 \bar{z}^{n-1} + \cdots + a_n$$
$$= f(\bar{z})$$

となるから，$f(\alpha) = 0$ ならば $f(\bar{\alpha}) = 0$ が成立する．

いま，共役複素数 α と $\bar{\alpha}$ を方程式 $f(z) = 0$ の解とすると，$f(z)$ は

$$(z - \alpha)(z - \bar{\alpha}) = z^2 - (\alpha + \bar{\alpha})z + \alpha\bar{\alpha}$$

で割り切れる．ここで，$\alpha + \bar{\alpha}$ と $\alpha\bar{\alpha}$ はいずれも実数であるから，共役複素数解があれば，$f(z)$ はある実数係数の2次式で割り切れる．一方，α, β を2つの実数解としても，$f(z)$ は実数係数の2次式

$$(z - \alpha)(z - \beta) = z^2 - (\alpha + \beta)z + \alpha\beta$$

で割り切れる．

以上のことから，すべての2次以上の実数係数多項式は，実数 p, q を

うまく選べば，2次式 $x^2 + px + q$ で割り切れることがわかる．そこで，$f(x)$ を割り切る2次式 $x^2 + px + q$ の係数 p, q を何らかの方法で見つければ，方程式(3.1)の2つの解が同時に

$$x = \frac{-p \pm \sqrt{p^2 - 4q}}{2}$$

と求められる．

また，$f(x)$ を

$$f(x) = (x^2 + px + q)h(x)$$

のように因数分解すると，$h(x)$ は $n-2$ 次多項式となり，($n \geq 4$ ならば) $h(x)$ は再びある2次式で割り切れる．これを繰り返すことにより，$f(x)$ は2次式（n が奇数の場合は最後は1次式）で完全に因数分解できる．この方法で，実数係数の方程式(3.1)に対し，実質的に複素計算なしですべての解が計算できる．

このようにして実数係数代数方程式のすべての解を求める方法を，**2次因子の組立除法**という．

3.3.2　2次因子の計算

では，$f(x)$ を割り切る2次式を計算するにはどうすればよいだろうか．p, q を任意の実定数とし，$f(x)$ を $x^2 + px + q$ で割ってその商を $h(x)$，余りを $Rx + S$ とすると

$$f(x) = (x^2 + px + q)h(x) + Rx + S \tag{3.5}$$

と表せる．ここで，$h(x)$ は $n-2$ 次多項式であるから，

$$h(x) = x^{n-2} + c_1 x^{n-3} + \cdots + c_{n-2}$$

とおいて(3.5)に代入し，展開して係数を比較することにより

$$a_1 = c_1 + p$$
$$a_2 = c_2 + c_1 p + q$$
$$a_3 = c_3 + c_2 p + c_1 q$$
$$\vdots$$

3.3 2次因子の組立除法

$$a_j = c_j + c_{j-1}p + c_{j-2}q$$
$$\vdots$$
$$a_{n-2} = c_{n-2} + c_{n-3}p + c_{n-4}q$$
$$a_{n-1} = R + c_{n-2}p + c_{n-3}q$$
$$a_n = S + c_{n-2}q$$

を得る．これより，順に $c_1, c_2, \cdots, c_{n-2}$ が定まり，$a_1, a_2, \cdots, a_n$ および p, q を用いて

$$c_1 = a_1 - p$$
$$c_2 = a_2 - c_1 p - q$$
$$c_3 = a_3 - c_2 p - c_1 q$$
$$\vdots$$
$$c_j = a_j - c_{j-1}p - c_{j-2}q$$
$$\vdots$$
$$c_{n-2} = a_{n-2} - c_{n-3}p - c_{n-4}q$$

と表すことができる．

また，R, S は

$$R = a_{n-1} - c_{n-2}p - c_{n-3}q$$
$$S = a_n - c_{n-2}q$$

であり，明らかに $R = R(p, q)$ および $S = S(p, q)$ は (p, q) の滑らかな関数となる．そこで，p, q を未知数とする連立方程式

$$\begin{cases} R(p, q) = 0 \\ S(p, q) = 0 \end{cases} \tag{3.6}$$

が解ければ，$f(x)$ を割り切る 2 次多項式 $x^2 + px + q$ が計算できたことになる．

3.3.3 ベアストウ‐ヒッチコック法

連立方程式 (3.6) の解をニュートン法で計算しよう．ニュートン法を適用するためには，ヤコビ行列

$$J(p,q) = \begin{pmatrix} \dfrac{\partial R}{\partial p} & \dfrac{\partial R}{\partial q} \\ \dfrac{\partial S}{\partial p} & \dfrac{\partial S}{\partial q} \end{pmatrix}$$

の値を計算する必要があるが, $R(p,q)$, $Q(p,q)$ は方程式の次数が高いと p, q の複雑な多項式になり, その具体形を計算することはやっかいである. そこで以下のような工夫により, $R(p,q)$, $S(p,q)$ の具体形を使わずにヤコビ行列を計算する.

まず, (3.5) を x, p, q についての恒等式と考えて p で偏微分すると

$$x\,h(x) + (x^2 + px + q)\dfrac{\partial h}{\partial p} + \dfrac{\partial R}{\partial p}x + \dfrac{\partial S}{\partial p} = 0$$

を得る. ここで h は x, p, q の多項式であることから, $x\,h(x)$ を $x^2 + px + q$ で割った余りの 1 次式の係数として, $\dfrac{\partial R}{\partial p}$ および $\dfrac{\partial S}{\partial p}$ の値が計算できる. なお, この手続きはコンピュータで自動的に行なうことができる. 同様に, (3.5) を q で偏微分すると

$$h(x) + (x^2 + px + q)\dfrac{\partial h}{\partial q} + \dfrac{\partial R}{\partial q}x + \dfrac{\partial S}{\partial q} = 0$$

を得る. したがって, $h(x)$ を $x^2 + px + q$ で割った余りの 1 次式の係数から, $\dfrac{\partial R}{\partial q}$ および $\dfrac{\partial S}{\partial q}$ の値が計算できる.

以上のようにしてヤコビ行列の近似値を計算する方法を**ベアストウ－ヒッチコック法**という.

ベアストウ－ヒッチコック法

Step 1: 2 個の実数の組 (p,q) を選ぶ.

Step 2: $f(x)$ を $x^2 + px + q$ で割り,
$$f(x) = (x^2 + px + q)h(x) + Rx + S$$
と表したときの多項式 $h(x)$ と定数 R, S を求める.

Step 3: $x\,h(x)$ を $x^2 + px + q$ で割った余り $ax + b$ を求める.

Step 4: $h(x)$ を $x^2 + px + q$ で割った余り $cx + d$ を求める.

3.3 2次因子の組立除法

Step 5： p', q' を
$$\begin{pmatrix} a & c \\ b & d \end{pmatrix} \begin{pmatrix} p' - p \\ q' - q \end{pmatrix} = \begin{pmatrix} R \\ S \end{pmatrix}$$
を解いて求める．

Step 6： (p, q) を (p', q') で置き換えて Step 2 に戻る．

ベアストウ‐ヒッチコック法による2次因子の組立除法は複素計算を必要とせず，プログラミングもそれほど難しくはない．しかし，1次因子の組立除法と同じく，因数分解を繰り返すうちに誤差が累積するので，高次の方程式に対しては後でもう一度精度を上げる手続きが必要となる．

例題 3.2

ベアストウ‐ヒッチコック法を用いて，方程式
$$x^5 + x^2 + x - 2 = 0$$
の2次因子を計算せよ．

【解】 $f(x) := x^5 + x^2 + x - 2$ の2次因子 $x^2 + px + q$ を求めよう．3.2.1 項の補題より，解の絶対値は3以下である．

まず，$p = 0$, $q = 1$ と選び，$f(x)$ を $x^2 + 1$ で割ると，
$$f(x) = (x^2 + 1)(x^3 - x + 1) + 2x - 3$$
を得る．そこで $h(x) = x^3 - x + 1$ とし，$x\,h(x)$ と $h(x)$ を $x^2 + 1$ で割ると，
$$x\,h(x) = (x^2 + 1)(x^2 - 2) + x + 2$$
$$h(x) = (x^2 + 1)x - 2x + 1$$
を得る．これらの計算から
$$R = 2, \quad S = -3$$
および
$$a = 1, \quad b = 2, \quad c = -2, \quad d = 1$$
を得る．そこで，
$$\begin{pmatrix} 1 & -2 \\ 2 & 1 \end{pmatrix} \begin{pmatrix} p' - 0 \\ q' - 1 \end{pmatrix} = \begin{pmatrix} 2 \\ -3 \end{pmatrix}$$

表 3.1　ベアストウ-ヒッチコック法による解の計算

反復の回数	p	q	反復の回数	p	q
0	0	1	12	7.031624	5.474348
1	-0.800000	-0.400000	13	5.434060	4.058429
2	0.286837	-1.231547	14	4.236207	3.006292
3	-0.113657	-0.473425	15	3.342301	2.240364
4	2.569614	-2.714709	16	2.688708	1.716544
5	1.771744	-2.063822	17	2.247966	1.424541
6	1.172024	-1.556068	18	2.032701	1.366991
7	0.735312	-1.086791	19	2.011991	1.432598
8	-0.815346	-2.364423	20	2.017644	1.444489
9	0.673984	-3.759897	21	2.017620	1.444449
10	0.826600	-1.266493	22	2.017620	1.444449
11	1.197903	0.400639			

を解いて

$$p' = -0.8, \quad q' = -0.4$$

を得る.

次に，あらためて (p, q) の値を (p', q') で置き換え，上と同様の手続きを行なう．これを繰り返すと，(p, q) の値が順に表 3.1 のように計算される．

この例からわかるように，解に近づくと収束は速いが，最初の十数ステップはまったく関係のない値が得られていることに注意しよう．　　　　□

3.4 すべての解を同時に求める方法

3.4.1 デュラン-カーナー法

1 次因子あるいは 2 次因子の組立除法では，解を順に求めていくため，解の精度にばらつきが生じるという欠点があった．そこで，すべての解の近似値を並列的に計算する**デュラン-カーナー法**について説明しよう．デュラン-カーナー法はニュートン法をベースにして，すべての解を同時に同じ精度で計算できるように工夫した方法である．

デュラン-カーナー法の基本原理を説明しよう．n 次代数方程式 $f(x) = 0$ の n 個の真の解を $\alpha_1, \alpha_2, \cdots, \alpha_n$ とし，その k 番目の解の近似値をそれぞれ

$x_k^{(1)}, x_k^{(2)}, \cdots, x_k^{(n)}$ で表すことにする．この近似値の精度を高めるのにニュートン法を使いたいのだが，そのためには f の微分係数を計算する必要がある．そこで，$f(x)$ が

$$f(x) = (x - \alpha_1)(x - \alpha_2) \cdots (x - \alpha_n)$$

と因数分解されることを利用し，この式を x で微分して α_j を代入すれば

$$f'(\alpha_j) = \prod_{i \neq j}^{n} (\alpha_j - \alpha_i)$$

が得られる．ここで，各近似値 $x_k^{(j)}$ が対応する解 α_j に十分近ければ

$$f'(x_k^{(j)}) \simeq \prod_{i \neq j}^{n} \{x_k^{(j)} - x_k^{(i)}\}$$

となる．そこで，複素ニュートン法において，$f'(x_k^{(j)})$ の代わりに右辺を用いるのがデュラン‐カーナー法である．

― デュラン‐カーナー法 ―

$$x_{k+1}^{(j)} = x_k^{(j)} - \frac{f(x_k^{(j)})}{\prod_{i \neq j}^{n} \{x_k^{(j)} - x_k^{(i)}\}} \quad (j = 1, 2, \cdots, n)$$

デュラン‐カーナー法にはどのようなメリットがあるのだろうか．各 $x_k^{(j)}$ に単純にニュートン法を適用すると，違う近似解の列が同じ解に収束するという危険性がある．ところがデュラン‐カーナー法では，2 つの近似値が近づくと反復公式における分数の分母 $\prod_{i \neq j}^{n}\{x_k^{(j)} - x_k^{(i)}\}$ が小さくなり，解の近似値が互いに反発し合うような効果が組み入れられている．このため，違う近似解の列が同じ解に収束するということを回避できるのである．

3.4.2 初期値の選び方

デュラン‐カーナー法は収束し始めるとニュートン法とほぼ同じ振る舞いを示し，重解がなければ 2 次収束することが証明できる．問題は初期値の選び方で，初期値をうまく選ばないとなかなか収束してくれない．そのため，

初期値の選択には工夫が必要となるが，普通，初期値として

$$\begin{cases} z_0^{(j)} = -\dfrac{a_{n-1}}{n} + r\cos\theta_j + r\sqrt{-1}\sin\theta_j \\ \theta_j = \dfrac{2(j-1)}{n}\pi + \dfrac{3}{2n} \end{cases} \quad (j = 1, 2, \cdots, n)$$

を選ぶのが良いとされている．ただし，r は $f(z) = 0$ の解がすべて

$$\left| z + \frac{a_{n-1}}{n} \right| \leq r \tag{3.7}$$

を満たすように選ぶ．これを**アーバスの初期値**といい，この初期値から出発するデュラン - カーナー法のことを**デュラン - カーナー - アーバス法**（略して **DKA 法**）と呼ぶ．

なお，r を大きく取り過ぎると収束が遅くなる．そのため，例えば 3.2.1 項の補題を用いて解の存在範囲を抑えておくとよい．

例題 3.3

DKA 法を用いて，

$$x^5 + x^4 + 1 = 0$$

の解をすべて求めよ．

【解】 3.2.1 項の補題より，解はすべて $|z| < 2$ を満たしているから，(3.7) において $a_4 = 1$，$n = 5$ より $r = 2 + 1/5 = 11/5$ と選べば十分である．そこで，アーバスの初期値として

$$\begin{cases} z_0^{(j)} = -\dfrac{1}{5} + \dfrac{11}{5}\cos\theta_j + \dfrac{11}{5}\sqrt{-1}\sin\theta_j \\ \theta_j = \dfrac{2(j-1)}{5}\pi + \dfrac{3}{10} \end{cases} \quad (j = 1, 2, \cdots, 5)$$

をとると，以下，デュラン - カーナー法の公式に従って，解の逐次近似列が次のように計算される．

初期値：
$$x_1 = 1.901740 + 0.650144\sqrt{-1} \qquad x_2 = -0.168851 + 2.199779\sqrt{-1}$$

3.4 すべての解を同時に求める方法

$x_3 = -2.282489 + 0.709394\sqrt{-1}$　　$x_4 = -1.518198 - 1.761350\sqrt{-1}$
$x_5 = 1.067798 - 1.797968\sqrt{-1}$

1 回目：
$x_1 = 1.507858 + 0.520717\sqrt{-1}$　　$x_2 = -0.176511 + 1.723617\sqrt{-1}$
$x_3 = -1.908076 + 0.543111\sqrt{-1}$　　$x_4 = -1.266871 - 1.378091\sqrt{-1}$
$x_5 = 0.843600 - 1.409354\sqrt{-1}$

2 回目：
$x_1 = 1.176376 + 0.431828\sqrt{-1}$　　$x_2 = -0.195005 + 1.356302\sqrt{-1}$
$x_3 = -1.602221 + 0.401080\sqrt{-1}$　　$x_4 = -1.045350 - 1.086963\sqrt{-1}$
$x_5 = 0.666200 - 1.102246\sqrt{-1}$

3 回目：
$x_1 = 0.903082 + 0.389379\sqrt{-1}$　　$x_2 = -0.238861 + 1.063408\sqrt{-1}$
$x_3 = -1.375496 + 0.258353\sqrt{-1}$　　$x_4 = -0.839926 - 0.868399\sqrt{-1}$
$x_5 = 0.551201 - 0.842742\sqrt{-1}$

4 回目：
$x_1 = 0.685897 + 0.425832\sqrt{-1}$　　$x_2 = -0.345496 + 0.847502\sqrt{-1}$
$x_3 = -1.254434 + 0.092108\sqrt{-1}$　　$x_4 = -0.618853 - 0.747906\sqrt{-1}$
$x_5 = 0.532887 - 0.617535\sqrt{-1}$

5 回目：
$x_1 = 0.617779 + 0.563587\sqrt{-1}$　　$x_2 = -0.515750 + 0.817693\sqrt{-1}$
$x_3 = -1.305892 - 0.026739\sqrt{-1}$　　$x_4 = -0.449858 - 0.836361\sqrt{-1}$
$x_5 = 0.653720 - 0.518180\sqrt{-1}$

6 回目：
$x_1 = 0.665517 + 0.559081\sqrt{-1}$　　$x_2 = -0.495585 + 0.868370\sqrt{-1}$
$x_3 = -1.324173 + 0.002663\sqrt{-1}$　　$x_4 = -0.505732 - 0.863982\sqrt{-1}$
$x_5 = 0.659973 - 0.566132\sqrt{-1}$

7 回目：
$x_1 = 0.662333 + 0.562247\sqrt{-1}$　　$x_2 = -0.499975 + 0.865989\sqrt{-1}$
$x_3 = -1.324698 - 0.000004\sqrt{-1}$　　$x_4 = -0.499979 - 0.865972\sqrt{-1}$
$x_5 = 0.662320 - 0.562260\sqrt{-1}$

8回目：

$x_1 = 0.662359 + 0.562280\sqrt{-1}$　　$x_2 = -0.500000 + 0.866025\sqrt{-1}$
$x_3 = -1.324718 + 0.000000\sqrt{-1}$　　$x_4 = -0.500000 - 0.866025\sqrt{-1}$
$x_5 = 0.662359 - 0.562280\sqrt{-1}$

9回目以降は，同じ数値が並ぶ．よって，収束が落ち着いた8回目の x_1, $x_2, \cdots, x_n$ が求める近似解である．

図3.1は，近似解が収束する様子を複素平面上に表示したものである．

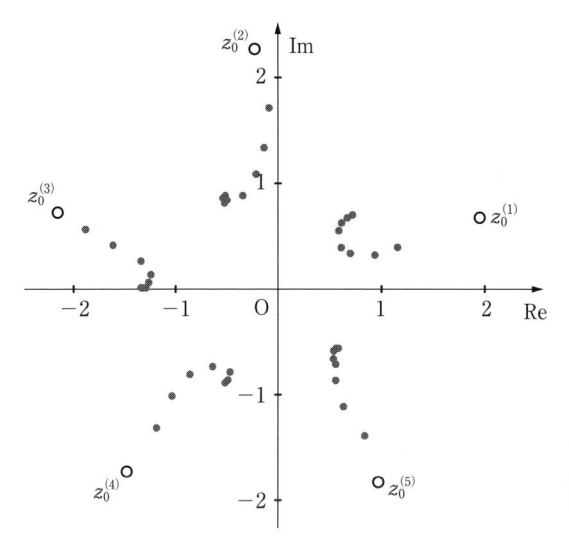

図3.1 DKA法による収束．白丸は初期値を表す．

□

第4章

連立1次方程式

　連立1次方程式は，係数からなる行列が正則であれば，一意的に解くことのできる方程式である．しかしながら，未知数の数が多い場合には，効率の悪い解き方をすると計算量が膨大になる．この章では，多くの未知数をもつ連立1次方程式の効率的な解法について説明するとともに，その際にどの程度の計算量が必要になるかについて述べる．また，逐次近似法による数値解法とその誤差についても解説する．

4.1 線形代数の基礎

連立1次方程式の数値解法を理解するには，線形代数の基本的な知識が必要である．この節では，ベクトル，行列，行列式についてのいろいろな用語と主な性質について簡単にまとめておく．詳しくは線形代数の教科書に譲り，証明などは与えないことにする．また，この節の内容は，以後，断りなしに使うことがあるので，よく覚えておいてほしい．

4.1.1 ベクトルと行列

数を縦と横に長方形に並べたものを**行列**といい，m 行 n 列の行列を $m \times n$ 行列という．特に，すべての成分が実数である行列を**実行列**という（この章では実行列のみを扱う）．普通，行列は大文字のアルファベットで表し，その成分は数あるいは小文字のアルファベット（および2個の添字）を使って表す．一般に，$m \times n$ 行列を $1 \leq i \leq m$，$1 \leq j \leq n$ として

$$A = (a_{ij}) = \begin{pmatrix} a_{11} & a_{12} & \cdots & a_{1n} \\ a_{21} & a_{22} & \cdots & a_{2n} \\ \vdots & \vdots & & \vdots \\ a_{m1} & a_{m2} & \cdots & a_{mn} \end{pmatrix}$$

と表し，a_{ij} を A の (i,j) 成分という．また行列 $A = (a_{ij})$ に対し，行と列を入れ替えた行列を**転置行列**といい，

$$A^T := (a_{ji})$$

と表す．$(A^T)^T = A$ が成り立つことは明らかであろう．

とくに，$1 \times n$ の行列を n 次元**横ベクトル**，$m \times 1$ の行列を m 次元**縦ベクトル**という．普通，ベクトルは太字のアルファベットで表し，その成分は数字あるいは小文字のアルファベットで表す．

例えば，m 次元縦ベクトルを

$$\boldsymbol{x} = \begin{pmatrix} x_1 \\ x_2 \\ \vdots \\ x_m \end{pmatrix}$$

あるいは $\boldsymbol{x} = (x_1, x_2, \cdots, x_m)^T$ と表す．$m \times n$ 行列 A の i 番目の行は n 次元横ベクトル

$$(a_{i1} \quad a_{i2} \quad \cdots \quad a_{in})$$

であり，これを A の第 i 行という．また，行列 A の j 番目の列は m 次元縦ベクトル

$$\begin{pmatrix} a_{1j} \\ a_{2j} \\ \vdots \\ a_{mj} \end{pmatrix}$$

であり，これを A の第 j 列という．

行の数と列の数が等しい行列を**正方行列**といい，$n \times n$ の正方行列を n 次正方行列という．正方行列の成分のうち $a_{11}, a_{22}, \cdots, a_{nn}$ を A の**対角成分**，それ以外の成分を**非対角成分**といい，非対角成分がすべて 0 である行列

$$A = \begin{pmatrix} a_{11} & 0 & \cdots & 0 \\ 0 & a_{22} & \cdots & 0 \\ \vdots & \vdots & \ddots & \vdots \\ 0 & 0 & \cdots & a_{nn} \end{pmatrix}$$

を**対角行列**という．特に対角成分がすべて 1 の対角行列を**単位行列**といい，n 次対角行列を

$$I_n = \begin{pmatrix} 1 & 0 & \cdots & 0 \\ 0 & 1 & \cdots & 0 \\ \vdots & \vdots & \ddots & \vdots \\ 0 & 0 & \cdots & 1 \end{pmatrix}$$

(あるいは単に I) と表す．また，すべての成分が 0 である行列を**零行列**という．

4.1.2 行列の演算

行列に関する基本的な演算について復習しておこう．2 つの $m \times n$ 行列 A および B の各成分がすべて等しいとき，すなわち $a_{ij} = b_{ij}$ がすべての i, j について成り立つときに **A と B は等しい**といい，$A = B$ と表す．サイズ

の違う行列は対応する成分が等しくても異なるものとみなす．

　サイズが同じである2個の行列 $A = (a_{ij})$ および $B = (b_{ij})$ に対し，その和 $A + B$ を
$$A + B = (a_{ij} + b_{ij})$$
で定義する．すなわち行列の和とは，同じ位置にある成分同士を足し合わせることである．差も同様に，成分同士の引き算で定義する．また，α を定数（スカラー）としたとき，行列 A の α 倍を
$$\alpha A = (\alpha a_{ij})$$
で定義する．つまり，行列のスカラー倍とは，A の各成分を定数倍したものである．

　$m \times n$ 行列 $A = (a_{ij})$ と $n \times l$ 行列 $B = (b_{ij})$ に対し，積 $C = (c_{ij}) = AB$ を
$$c_{ij} = \sum_{k=1}^{n} a_{ik} b_{kj} \quad (i = 1, 2, \cdots, m, \ j = 1, 2, \cdots, l)$$
によって定義する．すなわち，A と B の積 C は，その (i, j) 成分が A の第 i 行と B の第 j 列の成分同士の積の和として定まる $m \times l$ 行列である．

　A の行数と B の列数が異なる場合には積は定義できない．したがって，積 AB が定義されても BA は必ずしも定義されない．また，正方行列であれば積 AB, BA が両方とも定義されるが，必ずしも $AB = BA$ が成り立つとは限らない．

　正方行列 A に対し，
$$BA = AB = I$$
を満たす行列 B が存在するとき，この行列を**逆行列**といい，$B = A^{-1}$ と表す．ただし，すべての正方行列に逆行列が存在するとは限らない．逆行列が存在するような行列を**正則**であるといい，そうでない正方行列は**非正則**であるという．

　正則行列については以下のような性質が知られている．

　　（ⅰ）　逆行列は $AA^{-1} = I$ あるいは $A^{-1}A = I$ の一方から一意的に定まる．

(ⅱ) 逆行列 A^{-1} も正則で $(A^{-1})^{-1} = A$ である.

(ⅲ) 転置行列 A^T も正則で $(A^T)^{-1} = (A^{-1})^T$ である.

(ⅳ) A, B を同じサイズの正則行列とすると,これらの積 AB も正則で $(AB)^{-1} = B^{-1}A^{-1}$ である.

4.1.3 行列式

正方行列 A に対し,その**行列式**と呼ばれる実数が対応し,$\det A$ と表す.行列式は以下のようにして再帰的に定義される.

まず,1次正方行列 $A = (a_{11})$ に対し,

$$\det A = a_{11}$$

と定める.次に,$n-1$ 次正方行列の行列式がすでに定義されているとして,n 次正方行列 A の行列式を以下のように定義する.

A の任意の行(第 i 行)を1つ選び,

$$\det A = \sum_{j=1}^{n}(-1)^{i+j}a_{ij}m_{ij}$$

と定める.あるいは,A の任意の列(第 j 列)を1つ選び,

$$\det A = \sum_{i=1}^{n}(-1)^{i+j}a_{ij}m_{ij}$$

と定める.ただし,m_{ij} は A から第 i 行と第 j 列をすべて取り除いた $n-1$ 次正方行列に対する行列式を表し,これを**小行列式**という.また,$(-1)^{i+j}m_{ij}$ を**余因子**といい,上記の定義式をそれぞれ,第 i 行あるいは第 j 列に関する**余因子展開**という.どの行(列)を選ぶかに任意性はあるが,どれを選んでも結果は同じになる.

余因子展開を用いて,2次正方行列に対する行列式を計算してみよう.例えば,第1行に関する余因子展開を用いると

$$\det \begin{pmatrix} a_{11} & a_{12} \\ a_{21} & a_{22} \end{pmatrix} = (-1)^{1+1}a_{11}\det(a_{22}) + (-1)^{1+2}a_{12}\det(a_{21})$$

$$= a_{11}a_{22} - a_{21}a_{12}$$

となる.同様に,3次正方行列に対して

$$\det \begin{pmatrix} a_{11} & a_{12} & a_{13} \\ a_{21} & a_{22} & a_{23} \\ a_{31} & a_{32} & a_{33} \end{pmatrix}$$

$$= a_{11} \det \begin{pmatrix} a_{22} & a_{23} \\ a_{32} & a_{33} \end{pmatrix} - a_{12} \det \begin{pmatrix} a_{21} & a_{23} \\ a_{31} & a_{33} \end{pmatrix} + a_{13} \det \begin{pmatrix} a_{21} & a_{22} \\ a_{31} & a_{32} \end{pmatrix}$$

$$= a_{11}(a_{22}a_{33} - a_{23}a_{32}) - a_{12}(a_{21}a_{33} - a_{23}a_{31}) + a_{13}(a_{21}a_{32} - a_{22}a_{31})$$

$$= a_{11}a_{22}a_{33} + a_{12}a_{23}a_{31} + a_{13}a_{21}a_{32} - a_{11}a_{23}a_{32} - a_{12}a_{21}a_{33} - a_{13}a_{22}a_{31}$$

と計算できて,いわゆる**たすきがけの公式**が導かれる.他の行,あるいは列について展開しても同じ結果が得られることを確認してほしい.よりサイズの大きい行列に対しても,余因子展開を用いて徐々に小さな行列に対する行列式に帰着させることにより,面倒さえいとわなければ有限回の計算でその値を求めることができる.

行列と行列式の定義を見ればわかるように,これらは独立に定義された概念である.しかしながら,行列と行列式には密接な関係があり,例えば任意の正方行列 A に対して,行列式 $\det A$ は以下のような性質をもつ.

(ⅰ) A の2つの行(列)を入れ替えると,$\det A$ の符号のみ変化する.

(ⅱ) A のある行(列)を他の行(列)に加えても,$\det A$ の値は変化しない.

(ⅲ) A のある行(列)を k 倍すると,$\det A$ の値は k 倍になる.

(ⅳ) A が正則のとき,またそのときに限り,$\det A \neq 0$ となる.

(ⅴ) $\det A = \det A^T$.

(ⅵ) A, B を同じ大きさの正方行列とすると,$\det AB = \det A \cdot \det B$ となる.

以上の性質から,以下のことはすぐに導ける.

(ⅶ) A の1つの行(列)の成分がすべて0のとき,$\det A = 0$ となる.

(ⅷ) A の2つの行(列)がまったく同じならば,$\det A = 0$ となる.

(ⅸ) A が正則ならば,$\det A^{-1} = (\det A)^{-1}$ となる.

これらの性質は，連立方程式の数値解法に対して，実際的および理論的な枠組みを与えることになる．

4.2 連立1次方程式

連立1次方程式は理工学のあらゆる分野に現れる最も基本的な問題の1つである．連立1次方程式の解法は線形代数の理論の起源であり，未知数の数と方程式の数が異なる場合も含めて，理論的には完全に解明されている．未知数の数と方程式の数が異なる場合についての詳しい解説は線形代数の教科書（例えば参考文献［5］の第2章§5）に譲ることにして，以下では未知数と方程式の数が同じ場合のみを扱うことにする．

2元連立1次方程式や3元連立1次方程式は，代入法や消去法などを使って解を容易に求めることができる．また未知数の数が4個か5個ぐらいまでなら，多少は面倒になるものの，手計算でも解を計算することは可能である．また，未知数の数がそれほど多くなければ，コンピュータを使って解を計算することはそれほど難しいことではない．

ところが，科学技術計算においては非常に多くの未知数をもつ連立1次方程式を扱う必要がしばしば生じる．実際，未知数が数万から100万を超える連立1次方程式を解く必要が生じることも珍しくはない．このような大規模な連立1次方程式を解こうとすると計算の量が膨大になり，効率の悪いやり方をすると，たとえ高速のコンピュータを用いたとしても，時間がかかって計算がいつまでたっても終わらないということになりかねない．多数の未知数をもつ大規模な連立1次方程式に対しては，その解をいかに効率良く計算するかが課題となるのである．

4.2.1 連立1次方程式の数学的基礎

連立1次方程式に関する数学的な基礎について復習しておこう．n個の未知数 $x_1, x_2, \cdots, x_n$ が満たすべき条件を定数 $a_1, a_2, \cdots, a_n$ と b を使って表した

$$a_1x_1 + a_2x_2 + \cdots + a_nx_n = b$$

を，$x_1, x_2, \cdots, x_n$ に対する **1 次方程式**という．また，n 個の未知数についての 1 次方程式を n 個並べた形の方程式

$$\begin{cases} a_{11}x_1 + a_{12}x_2 + \cdots + a_{1n}x_n = b_1 \\ a_{21}x_1 + a_{22}x_2 + \cdots + a_{2n}x_n = b_2 \\ \qquad\qquad\qquad \vdots \\ a_{n1}x_1 + a_{n2}x_2 + \cdots + a_{nn}x_n = b_n \end{cases}$$

を $(n$ 元$)$**連立 1 次方程式**という．ただし，係数 $a_{ij}(i=1,2,\cdots,n, j=1,2,\cdots,n)$ および定数 $b_i(i=1,2,\cdots,n)$ の値はすべて与えられているものとする．

係数 a_{ij} を成分とする n 次正方行列

$$A = \begin{pmatrix} a_{11} & a_{12} & \cdots & a_{1n} \\ a_{21} & a_{22} & \cdots & a_{2n} \\ \vdots & \vdots & \ddots & \vdots \\ a_{n1} & a_{n2} & \cdots & a_{nn} \end{pmatrix}$$

を**係数行列**という．また，未知数 x_i と右辺の定数 b_i を 1 つにまとめた n 次元ベクトル

$$\boldsymbol{x} = \begin{pmatrix} x_1 \\ x_2 \\ \vdots \\ x_n \end{pmatrix}, \qquad \boldsymbol{b} = \begin{pmatrix} b_1 \\ b_2 \\ \vdots \\ b_n \end{pmatrix}$$

を用いると，連立 1 次方程式は簡単に

$$A\boldsymbol{x} = \boldsymbol{b} \tag{4.1}$$

と表すことができる．$\boldsymbol{x}$ を**未知ベクトル**，$\boldsymbol{b}$ を**定数ベクトル**という．

さて，連立 1 次方程式の解法について考えてみよう．よく知られているように，たとえ未知数と方程式の数が同じであっても，連立 1 次方程式によっては解がない場合もあるし，また解があったとしても必ずしも 1 つだけとは限らない．線形代数の基本的な定理により，連立方程式 $A\boldsymbol{x} = \boldsymbol{b}$ の解が一意的に存在するための必要十分条件がいくつか得られており，実際，以下の条件は同値であることが知られている．

（ⅰ） A は正則（すなわち，$\det A \neq 0$）である．
（ⅱ） $A\boldsymbol{x} = \boldsymbol{0}$ が一意的に解 $\boldsymbol{x} = \boldsymbol{0}$ をもつ．
（ⅲ） 任意のベクトル $\boldsymbol{b}$ に対し，$A\boldsymbol{x} = \boldsymbol{b}$ が一意的に解をもつ．

係数行列 A が正則であれば，未知ベクトル $\boldsymbol{x}$ は逆行列を用いて

$$\boldsymbol{x} = A^{-1}\boldsymbol{b}$$

と表現できる．したがって，逆行列がわかっているときに連立1次方程式を解くためには，単に行列とベクトルの積を計算すればよい．しかしながら，n が大きいときに A が正則であることを確かめるのは簡単ではないし，実際のところ，「逆行列の計算は解の計算よりも大変」である．

4.2.2 クラーメルの公式と計算量

連立1次方程式の解を一般的に表現する公式として，**クラーメルの公式**が知られている．この公式を用いると，(4.1) の解を

$$x_k = \frac{\det A_k}{\det A} \quad (k = 1, 2, \cdots, n)$$

と表すことができる．ただし，A_k は A の第 k 列をベクトル $\boldsymbol{b}$ で置き換えた行列

$$A_k = \begin{pmatrix} a_{11} & \cdots & a_{1,k-1} & b_1 & a_{1,k+1} & \cdots & a_{1n} \\ a_{21} & \cdots & a_{2,k-1} & b_2 & a_{2,k+1} & \cdots & a_{2n} \\ \vdots & & \vdots & \vdots & \vdots & & \vdots \\ a_{n1} & \cdots & a_{n,k-1} & b_n & a_{n,k+1} & \cdots & a_{nn} \end{pmatrix}$$

である．

クラーメルの公式は簡潔な公式であり，また逆行列を計算する必要がないため，これを用いると解が簡単に計算できてしまうように思えるかもしれない．では，クラーメルの公式を使って連立1次方程式を解いたとき，一体どのくらいの計算量が必要なのであろうか．

古いコンピュータでは加減算よりも乗除算の方が時間がかかったため，以前は乗除算の回数で計算量を評価するのが普通であった．しかし，現代のコン

ピュータ・アーキテクチャでは，乗除算に要する時間は加減算とあまり変わらなくなってきている．そこで本書では，**計算の量を乗除算と加減算を合わせた演算の回数で測る**ことにする．

まず，n 次の行列式 $\det A$ の計算に必要な演算の回数について調べてみよう．行列式の値を計算するために，第 1 行についての余因子展開公式

$$\det A = a_{11}m_{11} - a_{12}m_{12} + \cdots + (-1)^n a_{1n}m_{1n} \quad (4.2)$$

を用いる．これを繰り返し用いると，最終的に 2 次の行列式の計算に帰着する．この方法で行列式の値を計算するために必要な乗除算の回数を $g(n)$ と表すことにする．

$g(n)$ の値は以下のようにして求めることができる．(4.2) の計算には，乗除算が n 回，加減算が $n-1$ 回必要である．また，n 個の小行列式 m_{1i} の計算には，それぞれ $g(n-1)$ 回の演算が必要である．したがって，$g(n)$ は

$$g(n) = n + n - 1 + ng(n-1) = ng(n-1) + 2n - 1 \quad (4.3)$$

を満たす．また，2 次の行列式の計算には 2 回の乗算と 1 回の減算が必要であるから，$g(2) = 3$ である．(4.3) を繰り返し用いると

$$g(3) = 3g(2) + 2\cdot 3 - 1 = 14$$
$$g(4) = 4g(3) + 2\cdot 4 - 1 = 63$$
$$g(5) = 5g(4) + 2\cdot 5 - 1 = 324$$
$$\vdots$$

と計算できる．

さらに，クラーメルの公式を適用するためには全部で $n+1$ 個の行列式の計算と n 回の除算を必要とするから，n 元連立 1 次方程式の解をすべて求めるためには，合計 $(n+1)g(n) + n$ 回の演算が必要となる．

(4.3) より直ちに，$g(n) > n!$ であることがわかるが，$n!$ は n が増すとともに急速に大きくなる数である．

表 4.1 クラーメルの公式に必要な演算の回数

未知数の個数 n	演算の回数
10	約 980 万回
20	約 7×10^{18} 回
30	約 7×10^{32} 回
40	約 2×10^{48} 回
50	約 8×10^{64} 回

実際に $(n+1)g(n)+n$ の値を計算してみると，クラーメルの公式に必要な演算の回数は表4.1のようになる．1秒間に1億回の演算が可能なコンピュータを用いたとして，$n=20$ の場合で約2千年（！）かかる．上で述べたように，実際にはもっと多くの未知数を含む問題を解きたいこともあり，その場合には途方もなく長い時間がかかってしまう．

以上の説明から，何の工夫もなしに大規模な連立1次方程式を解くことの無謀さが理解できたことと思う．以下では，連立1次方程式の解を効率良く計算するための方法について述べていこう．

4.3 ガウスの消去法

4.3.1 前進過程と後進過程

連立1次方程式を解く最も効率的な方法の1つは，**ガウスの消去法**あるいは**掃き出し法**と呼ばれる方法である．ガウスの消去法とは，**前進過程**（方程式を変形して未知数を消去していく過程）と，**後進過程**（解を $x_n, x_{n-1}, \cdots, x_1$ の順に計算していく過程）からなる以下のような方法である．

連立1次方程式を

$$\text{第1段} \begin{cases} a_{11}^{(1)}x_1 + a_{12}^{(1)}x_2 + a_{13}^{(1)}x_3 + \cdots + a_{1n}^{(1)}x_n = b_1^{(1)} \\ a_{21}^{(1)}x_1 + a_{22}^{(1)}x_2 + a_{23}^{(1)}x_3 + \cdots + a_{2n}^{(1)}x_n = b_2^{(1)} \\ a_{31}^{(1)}x_1 + a_{32}^{(1)}x_2 + a_{33}^{(1)}x_3 + \cdots + a_{3n}^{(1)}x_n = b_3^{(1)} \\ \quad\quad\quad\quad\quad\quad\quad\quad \vdots \\ a_{n1}^{(1)}x_1 + a_{n2}^{(1)}x_2 + a_{n3}^{(1)}x_3 + \cdots + a_{nn}^{(1)}x_n = b_n^{(1)} \end{cases}$$

とする．上付きの添字が付いた成分は，この段階で保持すべき係数の値と右辺のベクトルの成分の値を表している．

ここで，$a_{11}^{(1)} \neq 0$ と仮定し，第1式に

$$m_i^{(1)} = -\frac{a_{i1}^{(1)}}{a_{11}^{(1)}} \quad (i = 2, 3, \cdots, n)$$

を掛けて第 i 式に加えると，第2式以降の x_1 の項が消去できて，

第2段 $\begin{cases} a_{11}^{(1)}x_1 + a_{12}^{(1)}x_2 + a_{13}^{(1)}x_3 + \cdots + a_{1n}^{(1)}x_n = b_1^{(1)} \\ \qquad\quad a_{22}^{(2)}x_2 + a_{23}^{(2)}x_3 + \cdots + a_{2n}^{(2)}x_n = b_2^{(2)} \\ \qquad\quad a_{32}^{(2)}x_2 + a_{33}^{(2)}x_3 + \cdots + a_{3n}^{(2)}x_n = b_3^{(2)} \\ \qquad\qquad\qquad\qquad\vdots \\ \qquad\quad a_{n2}^{(2)}x_2 + a_{n3}^{(2)}x_3 + \cdots + a_{nn}^{(2)}x_n = b_n^{(2)} \end{cases}$

と変形できる．ただし，

$$\begin{cases} a_{ij}^{(2)} = a_{ij}^{(1)} + m_i^{(1)} a_{1j}^{(1)} \\ b_i^{(2)} = b_i^{(1)} + m_i^{(1)} b_1^{(1)} \end{cases} \quad (i = 2, 3, \cdots, n)$$

である．

第1段から第2段への変形において問題となるのは $a_{11}^{(1)} = 0$ の場合で，このときは $m_i^{(1)}$ の計算を実行できず，第2式以下の x_1 が消去できない．そのため，このような場合には $a_{k1}^{(1)} \neq 0$ となる $k \geq 2$ を選び，第1式と第 k 式を入れ換える必要がある．もし，すべての $i = 1, 2, \cdots, n$ について $a_{i1}^{(1)} = 0$ であれば，これは係数行列が非正則であることを意味し，解を一意に求めることはできない．したがって，この場合はそこで計算をストップする．

さて，第2段への変形ができたとしよう．第2段において，第2式以下を見ると，未知数 x_1 は消去され，$n - 1$ 個の未知数 $x_2, x_3, \cdots, x_n$ に対する連立1次方程式の形になっている．つまり，1つ未知数の少ない連立1次方程式が得られたことになる．そこで，これ以後は第1式には変更を加えず，第2式から第 n 式に第1段と同じ操作を施す．つまり，第2段の第2式に

$$m_i^{(2)} = -\frac{a_{i2}^{(2)}}{a_{22}^{(2)}} \quad (i = 3, 4, \cdots, n)$$

を掛けて第 i 式に加え，方程式を

第3段 $\begin{cases} a_{11}^{(1)}x_1 + a_{12}^{(1)}x_2 + a_{13}^{(1)}x_3 + \cdots + a_{1n}^{(1)}x_n = b_1^{(1)} \\ \qquad\quad a_{22}^{(2)}x_2 + a_{23}^{(2)}x_3 + \cdots + a_{2n}^{(2)}x_n = b_2^{(2)} \\ \qquad\qquad\qquad a_{33}^{(3)}x_3 + \cdots + a_{3n}^{(3)}x_n = b_3^{(3)} \\ \qquad\qquad\qquad\qquad\vdots \\ \qquad\qquad\qquad a_{n3}^{(3)}x_3 + \cdots + a_{nn}^{(3)}x_n = b_n^{(3)} \end{cases}$

4.3 ガウスの消去法

と変形する. ただし,

$$\begin{cases} a_{ij}^{(3)} = a_{ij}^{(2)} + m_i^{(2)} a_{2j}^{(2)} \\ b_i^{(3)} = b_i^{(2)} + m_i^{(2)} b_2^{(2)} \end{cases} \quad (i = 3, 4, \cdots, n)$$

である.

第2段から第3段への変形において，もし $a_{22}^{(2)} = 0$ であれば，$a_{k2}^{(2)} \neq 0$ を満たす $k \geq 3$ を選んで第2式と第 k 式を入れ換える. $a_{k2}^{(2)} = 0$ がすべての $k = 2, 3, \cdots, n$ について成り立つときには，第2段の第2式から第 n 式の連立1次方程式に対する係数行列が非正則となる. したがって，一意的な解をもたないので計算をストップする. これは第1段と同様の処理である.

以後，第2式に変形を加えることはなく，第3式以降についても同じ操作を繰り返す. 具体的には，第 k 段において，

$$m_i^{(k)} = -\frac{a_{ik}^{(k)}}{a_{kk}^{(k)}} \quad (i = k+1, k+2, \cdots, n)$$

とし，第 i 式から第 k 式の $m_i^{(k)}$ 倍を加えればよい. このとき，第 $k+1$ 式以降の係数は

$$a_{ij}^{(k+1)} = a_{ij}^{(k)} + m_i^{(k)} a_{kj}^{(k)} \quad (i, j = k+1, k+2, \cdots, n) \quad (4.4)$$

および

$$b_i^{(k+1)} = b_i^{(k)} + m_i^{(k)} b_k^{(k)} \quad (i = k+1, k+2, \cdots, n)$$

と更新される.

A が正則であれば，同様の操作を繰り返すことによって，最終的には係数行列の対角成分の下側の項がすべて消去されて

第 n 段 $\begin{cases} a_{11}^{(1)} x_1 + a_{12}^{(1)} x_2 + a_{13}^{(1)} x_3 + \cdots + a_{1n}^{(1)} x_n = b_1^{(1)} \\ \quad\quad\quad a_{22}^{(2)} x_2 + a_{23}^{(2)} x_3 + \cdots + a_{2n}^{(2)} x_n = b_2^{(2)} \\ \quad\quad\quad\quad\quad\quad a_{33}^{(3)} x_3 + \cdots + a_{3n}^{(3)} x_n = b_3^{(3)} \\ \quad\quad\quad\quad\quad\quad\quad\quad\quad \ddots \quad\quad \vdots \\ \quad\quad\quad\quad\quad\quad\quad\quad\quad\quad\quad a_{nn}^{(n)} x_n = b_n^{(n)} \end{cases}$

と変形できる. このとき，係数行列が正則であれば，すべての i に対して，$a_{ii}^{(i)} \neq 0$ が成り立つことに注意しよう.

以上のようにして未知数を消去する過程を**前進過程**という．

前進過程をコンピュータで実行する際には，左辺の係数と右辺の定数の値を保持しておけば十分である．すなわち，各段で必要な情報は係数行列と定数ベクトルだけであるから，第 1 段において必要なデータは $n \times (n+1)$ 行列

$$A^{(1)} = \begin{pmatrix} a_{11}^{(1)} & a_{12}^{(1)} & \cdots & a_{1n}^{(1)} & b_1^{(1)} \\ a_{21}^{(1)} & a_{22}^{(1)} & \cdots & a_{2n}^{(1)} & b_2^{(1)} \\ \vdots & \vdots & \ddots & \vdots & \vdots \\ a_{n1}^{(1)} & a_{n2}^{(1)} & \cdots & a_{nn}^{(1)} & b_n^{(1)} \end{pmatrix}$$

である．このように，係数行列と定数ベクトルをひとまとめにした $n \times (n+1)$ 行列を**拡大係数行列**という．

他の段も同様に拡大係数行列の成分の値のみを保持しておけばよく，第 k 段において保持すべきデータは

$$A^{(k)} = \begin{pmatrix} a_{11}^{(1)} & a_{12}^{(1)} & & \cdots & & a_{1n}^{(1)} & b_1^{(1)} \\ & a_{22}^{(2)} & & \cdots & & a_{2n}^{(2)} & b_2^{(2)} \\ & & \ddots & & & \vdots & \vdots \\ & & & a_{kk}^{(k)} & \cdots & a_{kn}^{(k)} & b_k^{(k)} \\ & & & a_{k+1,k}^{(k)} & \cdots & a_{k+1,n}^{(k)} & b_{k+1}^{(k)} \\ & & & \vdots & & \vdots & \vdots \\ & & & a_{nk}^{(k)} & \cdots & a_{nn}^{(k)} & b_n^{(k)} \end{pmatrix}$$

である．前進過程が終了した段階では

$$A^{(n)} = \begin{pmatrix} a_{11}^{(1)} & a_{12}^{(1)} & & \cdots & & a_{1n}^{(1)} & b_1^{(1)} \\ & a_{22}^{(2)} & & \cdots & & a_{2n}^{(2)} & b_2^{(2)} \\ & & \ddots & & & \vdots & \vdots \\ & & & a_{n-1,n-1}^{(n-1)} & a_{n-1,n}^{(n-1)} & b_{n-1}^{(n-1)} \\ & & & & a_{nn}^{(n)} & b_n^{(n)} \end{pmatrix}$$

の成分の値が必要となる．計算の途中で出てきたそれ以外のデータは必要ないので，段を進めるごとに上書きする形でデータを更新すればメモリーの節約になる．なお，拡大係数行列において，0 になるとわかっている成分は計算する必要はなく，また 0 で上書きする必要もないので空白にしてある．

さて，第 n 段における拡大係数行列 $A^{(n)}$ より，x_n が

$$x_n = \frac{b_n^{(n)}}{a_{nn}^{(n)}}$$

と直ちに計算できる．この x_n を第 $n-1$ 式

$$a_{n-1,n-1}^{(n-1)} x_{n-1} + a_{n-1,n}^{(n-1)} x_n = b_{n-1}^{(n-1)}$$

に代入すれば，x_{n-1} が

$$x_{n-1} = \frac{b_{n-1}^{(n-1)} - a_{n-1,n}^{(n-1)} x_n}{a_{n-1,n-1}^{(n-1)}}$$

と定まる．以下同様にして，解が $x_n, x_{n-1}, x_{n-2}, \cdots, x_1$ の順に

$$x_k = \frac{b_k^{(k)} - a_{k,k+1}^{(k)} x_{k+1} - \cdots - a_{k,n}^{(k)} x_n}{a_{k,k}^{(k)}} \qquad (k = n, n-1, n-2, \cdots, 1)$$

と計算できる．この過程は方程式を逆順にたどっているため，**後進過程**と呼ばれる．

4.3.2 ガウスの消去法の計算量

以上のように，前進過程と後進過程によって，係数行列が正則であれば連立1次方程式のすべての解を求めることができる．ここで，解を求める過程で要した演算の回数を数えてみよう．

前進過程において，第1段から第2段に変形するためには

$m_i^{(1)}$ の計算： $n-1$ 回の除算

$a_{ij}^{(2)}$ の計算： $(n-1)^2$ 回の乗算と $(n-1)^2$ 回の減算

$b_i^{(2)}$ の計算： $n-1$ 回の乗算と $n-1$ 回の減算

の合計 $2n^2 - n - 1$ 回の演算が必要である．同様に，第 k 段から $k+1$ 段の変形に $2(n-k+1)^2 - (n-k+1) - 1$ 回の演算が必要であるから，前進過程の計算に必要な演算の回数は，合計

$$\sum_{i=2}^{n} (2i^2 - i - 1) = 2 \cdot \frac{n(n+1)(2n+1)}{6} - \frac{n(n+1)}{2} - n$$

$$= \frac{2}{3} n^3 + \frac{1}{2} n^2 - \frac{7}{6} n$$

である.

一方，後進過程においては，x_k の計算に $n-k$ 回の乗算，$n-k$ 回の減算，1回の除算が必要だから，必要な演算の回数は

$$\sum_{k=1}^{n} \{2(n-k)+1\} = n^2$$

となる.

以上より，ガウスの消去法を用いて n 元連立1次方程式を解く過程で必要な演算の回数は，

$$\frac{2}{3}n^3 + \frac{3}{2}n^2 - \frac{7}{6}n$$

となり，具体的には表 4.2 のようになる．これはクラーメルの公式（表 4.1）に比べると計算量は圧倒的に少なく，コンピュータであれば容易に実行可能な計算量である．

表 4.2 ガウスの消去法に必要な演算の回数

未知数の個数 n	演算の回数
10	805 回
20	5,910 回
30	約 68 万回
40	約 7×10^8 回
50	約 7×10^{11} 回

例題 4.1

連立1次方程式

$$\begin{cases} 4x_1 + 6x_2 + 2x_3 = 3 \\ 2x_1 + 5x_2 + 4x_3 = 5 \\ 3x_1 + 4x_2 + 5x_3 = 6 \end{cases}$$

をガウスの消去法で解き，演算の回数を調べよ．

【解】 係数の変化のみを記す．第1段における拡大係数行列は

$$第 1 段 \quad A^{(1)} = \begin{pmatrix} 4 & 6 & 2 & | & 3 \\ 2 & 5 & 4 & | & 5 \\ 3 & 4 & 5 & | & 6 \end{pmatrix}$$

である．前進過程では，拡大係数行列は

$$第 2 段 \quad A^{(2)} = \begin{pmatrix} 4 & 6 & 2 & | & 3 \\ 0 & 2 & 3 & | & 3.5 \\ 0 & -0.5 & 3.5 & | & 3.75 \end{pmatrix}$$

$$\text{第 3 段} \quad A^{(3)} = \begin{pmatrix} 4 & 6 & 2 & | & 3 \\ 0 & 2 & 3 & | & 3.5 \\ 0 & 0 & 4.25 & | & 4.625 \end{pmatrix}$$

と変化していく．後進過程では，解が順に

$$x_3 = \frac{4.625}{4.25} = 1.088235$$

$$x_2 = \frac{3.5 - 3 \cdot x_3}{2} = 0.117647$$

$$x_1 = \frac{3 - 6 \cdot x_2 - 2 \cdot x_3}{4} = 0.029412$$

と計算できる．以上の過程において，28 回の演算を行なった． □

4.4 ピボットの選択

4.4.1 ピボット

前進過程の第 k 段において，$a_{kk}^{(k)} \neq 0$ ならば第 $k+1$ 行以下の x_k を消去できて，次の段に進むことができる．しかしながら，実際の計算においては，厳密に計算すれば数学的には $a_{kk}^{(k)} = 0$ であっても，誤差の影響によって 0 でないと判定されることも起こり得る．このとき，方程式の順を入れ換えないでいると，本来やってはいけない 0 で割るという計算を実行していることになり，その後の計算はまったく意味のないものとなってしまう．また，たとえ $a_{kk}^{(k)} \neq 0$ だとしても，その値が小さいと，割り算を実行したときに桁落ちが生じて誤差が大きくなる可能性がある．

このようなことが起こらないようにし，また結果的に計算の精度を上げるための 1 つの方法は，方程式の順序を入れ換えることである．これは係数行列では行の交換に対応している．また，未知数の番号の振り方を変えても方程式は本質的には変わらない．これは係数行列では列の交換に対応している．

このように，方程式の順序と未知数の番号の振り方を変えても方程式は本質的に同じなので，係数行列の行と列を入れ替え，係数 $a_{ij}^{(k)}$ ($i, j = k, k+1$,

$\cdots, n)$ の中から都合のよい成分が a_{kk} の位置に来るようにする．このような成分のことを**ピボット**という．ピボットをうまく選ぶことにより，上で述べたような問題点は解消できる．以下では，ピボットの選び方について述べる．

ピボット選択の1つの方針である**部分ピボット法**は，方程式の順序を入れ換えることにより，各段においてピボットの絶対値が大きくなるようにしておく方法である．具体的には，第1段においては，拡大係数行列 $A^{(1)}$ の第1列の成分 $a_{i1}^{(1)}(i=1,2,\cdots,n)$ の中から絶対値が最大となる i を探し，$1 < i \leq n$ のときは拡大係数行列 $A^{(1)}$ の第1行と第 i 行を入れ換えておく．第2段以降も同様の手続きをする．すなわち，第 k 段においては，拡大係数行列 $A^{(k)}$ の第 k 列の成分 $a_{ik}^{(k)}(i=k,k+1,\cdots,n)$ の中から，絶対値が最大の係数をピボットとして選び，（必要ならば）$A^{(k)}$ の行を入れ換える．このようにすれば，厳密に計算すれば0となる係数をピボットとすることがなくなるため，簡単ではあるが効果的な方法である．

例題 4.2

連立1次方程式

$$\begin{cases} x_2 - 2x_3 + 3x_4 = 7 \\ x_1 - 3x_2 + 4x_3 - 7x_4 = 2 \\ -3x_1 + 9x_2 + 2x_3 - 5x_4 = 1 \\ 2x_1 + x_2 + 2x_3 + x_4 = -3 \end{cases}$$

を部分ピボット法を用いて解け．

【解】 与えられた連立1次方程式は

$$\begin{pmatrix} 0 & 1 & -2 & 3 \\ 1 & -3 & 4 & -7 \\ -3 & 9 & 2 & -5 \\ 2 & 1 & 2 & 1 \end{pmatrix} \begin{pmatrix} x_1 \\ x_2 \\ x_3 \\ x_4 \end{pmatrix} = \begin{pmatrix} 7 \\ 2 \\ 1 \\ -3 \end{pmatrix}$$

と表せるので，拡大係数行列は

$$\begin{pmatrix} 0 & 1 & -2 & 3 & | & 7 \\ 1 & -3 & 4 & -7 & | & 2 \\ -3 & 9 & 2 & -5 & | & 1 \\ 2 & 1 & 2 & 1 & | & -3 \end{pmatrix}$$

となる．第1式のx_1の係数が0なので，ガウスの消去法を用いるにはピボット選択が必要である．x_1の係数の絶対値の最大値は3なので，第1行と第3行を入れ換える．

$$\begin{pmatrix} -3 & 9 & 2 & -5 & | & 1 \\ 1 & -3 & 4 & -7 & | & 2 \\ 0 & 1 & -2 & 3 & | & 7 \\ 2 & 1 & 2 & 1 & | & -3 \end{pmatrix}$$

第1列に関してガウスの消去法を適用すると，拡大係数行列は

$$\begin{pmatrix} -3 & 9 & 2 & -5 & | & 1 \\ 0 & 0 & \frac{14}{2} & -\frac{26}{3} & | & \frac{7}{3} \\ 0 & 1 & -2 & 3 & | & 7 \\ 0 & 7 & \frac{10}{3} & -\frac{7}{3} & | & -\frac{7}{3} \end{pmatrix}$$

と変換され，$(2,2)$成分が0となり，ここでもピボット選択が必要になることがわかる．したがって4行目と2行目を入れ換え，同様の計算を続けると，最終的に解は

$x_1 \simeq 12.387097, \quad x_2 \simeq 3.161290, \quad x_3 \simeq -12.080645, \quad x_4 \simeq -6.774194$

と計算される． □

たとえピボットの値が大きくても，同じ行の他の係数が相対的に大きければ，やはり同じ問題が残る．そこで，行と列の交換を行なって係数の中から最大のものをピボットとして選ぶ方法を**完全ピボット法**という．完全ピボット法は，精度の面からは部分ピボット法に勝る．しかしながら，毎回，係数の中から絶対値最大のものを選ぶ必要があり，未知数の数が多いとかなりの手間がかかるため，効率は悪い．そのため，未知数の多い連立1次方程式に対しては，必ずしも最適な方法とはいえない．

4.4.2 優対角行列

各行において，対角成分の絶対値が同じ行の他の成分の絶対値の和より大きい行列 A，すなわち，

$$|a_{ii}| > \sum_{j=1, j \neq i}^{n} |a_{ij}| \quad (i = 1, 2, \cdots, n)$$

を満たす行列を考え，これを（行に関する狭義）**優対角行列**という．定義からわかるように，優対角行列 A は 0 でない対角成分をもつ対角行列に近い性質をもっている．その結果，優対角行列を係数行列とする連立1次方程式の解法では，ピボットの選択が必要ないという特徴がある．これを示すために，以下の2つの補題を用意する．

補題 4.1 優対角行列は正則である．

【証明】 もし，正則でないとすると，連立1次方程式 $A\boldsymbol{x} = \boldsymbol{0}$ は $\boldsymbol{x} \neq \boldsymbol{0}$ を満たす解をもつ．$\boldsymbol{x} = (x_1, x_2, \cdots, x_n)^T$ の成分で絶対値が最大のものを x_k とすると，方程式の第 k 式

$$a_{k1}x_1 + a_{k2}x_2 + \cdots + a_{kn}x_n = 0$$

と三角不等式から

$$|a_{kk}x_k| = \left| \sum_{j=1, j \neq k}^{n} a_{kj}x_j \right| \leq \sum_{j=1, j \neq k}^{n} |a_{kj}||x_j| \leq \left(\sum_{j=1, j \neq k}^{n} |a_{kj}| \right) |x_k|$$

を得る．したがって，

$$|a_{kk}| \leq \sum_{j=1, j \neq k}^{n} |a_{kj}|$$

となって，優対角行列であることに反する．よって，A は正則である．□

補題 4.2 優対角行列を係数行列とする連立1次方程式に対してガウスの消去法を適用すると，各段において係数行列は優対角行列となる．

【証明】 記号を簡単にするため，次の2つの方程式

$$a_1 x_1 + a_2 x_2 + \cdots + a_n x_n = 0$$
$$b_1 x_1 + b_2 x_2 + \cdots + b_n x_n = 0$$

を考え，
$$|a_1| > \sum_{j=2}^{n}|a_j|, \qquad |b_2| > |b_1| + \sum_{j=3}^{n}|b_j|$$
が成り立っているとしよう．

第1式に b_1/a_1 を掛けて第2式から引き，未知数 x_1 を消去して得られる方程式を
$$c_2 x_2 + \cdots + c_n x_n = 0$$
とすると，
$$c_j = b_j - \frac{b_1}{a_1}a_j \qquad (j = 2, 3, \cdots, n)$$
である．ここで
$$|c_2| \geq |b_2| - \frac{|b_1|}{|a_1|}|a_2| > |b_1| + \sum_{j=3}^{n}|b_j| - \frac{|b_1|}{|a_1|}|a_2|$$
であり，一方
$$\sum_{j=3}^{n}|c_j| \leq \sum_{j=3}^{n}|b_j| + \sum_{j=3}^{n}\frac{|b_1|}{|a_1|}|a_j|$$
であるから
$$\begin{aligned}|c_2| - \sum_{j=3}^{n}|c_j| &> |b_1| - \frac{|b_1|}{|a_1|}|a_2| - \sum_{j=3}^{n}\frac{|b_1|}{|a_1|}|a_j|\\ &= \frac{|b_1|}{|a_1|}\Big(|a_1| - \sum_{j=2}^{n}|a_j|\Big)\\ &> 0\end{aligned}$$
が得られる．したがって，新しく得られた方程式は優対角行列のための条件
$$|c_2| > \sum_{j=3}^{n}|c_j|$$
を満たしている．

この議論を各行に適用すると，優対角行列を係数行列とする連立1次方程式は，ガウスの消去法による第2段においても同じ性質をもつことがわかる．この議論を繰り返すと，各段において係数行列は優対角行列であることが示される．　　　　　　　　　　　　　　　　　　　　　　　□

この2つの補題より，優対角行列を係数行列とする連立1次方程式に対しては，ガウスの消去法でピボットの選択は必要ないことがわかる．

4.5 LU 分 解

4.5.1 LU分解とは

係数行列 A が共通で，右辺の定数ベクトル b が異なる多数の連立1次方程式 $Ax = b$ を解きたいとしよう．この場合，方程式を1つ1つ解くのは同じような計算を何度も繰り返すことになり効率が悪い．そこで，(4.1)において，定数ベクトルが $b_1, b_2, \cdots, b_k$ であるような k 個の方程式の解を同時に計算したいときには，サイズが $n \times (n+k)$ の拡大係数行列

$$(A \mid b_1 \ b_2 \ \cdots \ b_k)$$

に対してガウスの消去法と同じ手続きをすれば，解が同時に計算できる．これは，すべての定数ベクトルがあらかじめ与えられているときには有効な方法である．

例えば，正則な n 次正方行列 A と単位ベクトル e_i $(i = 1, 2, \cdots, n)$ に対して，連立1次方程式

$$Av_i = e_i \quad (i = 1, 2, \cdots, n)$$

をすべて解けば，A の逆行列が

$$A^{-1} = (v_1 \ v_2 \ \cdots \ v_n)$$

と計算できるが，このためには $n \times 2n$ の拡大係数行列

$$(A \mid I_n)$$

に対してガウスの消去法と同じ手続きをすれば効率が良い．これは逆行列を計算するためのよく知られた方法であるが，数値計算としても効率が良い．

しかしながら，解きたい方程式の数や定数ベクトルが前もってわからないときには，この方法は使えない．これは例えば，b が入力，解 x が出力，係数行列 A が入出力の関係を記述しているようなシステムにおいて，入力が時系列として順に与えられ，その度に出力を計算したいというような場合で

ある．このような場合には，どのような入力があるか事前にはわからないために，上で説明したような同時に解を求める方法は使えない．

ガウスの消去法のプロセスを振り返ってみると，解を計算する過程は係数行列 A のみによって決まり，右辺のデータ $\boldsymbol{b}$ は A の変形につられて変化していくだけである．そこで，前進過程と後進過程で行なう手続きを何らかの形で記憶してしまえば，データ $\boldsymbol{b}$ が変わっても同じ手続きを右辺に施すだけだから，計算を効率化できるはずである．

このような考えに基づく方法として，係数行列の LU 分解を用いた計算法を紹介しよう．これは，係数行列を以下で述べるような下三角行列と上三角行列の積に分解することによって計算を効率化する方法である．係数行列の分解には多少の手間はかかるが，いったん分解してしまえば，多くの方程式を繰り返し解く際に効率的な方法を与える．

まず，LU 分解について述べる．対角成分より上の成分がすべて 0 の正方行列のことを**下三角行列**という．すなわち，下三角行列 $L = (l_{ij})$ とは，

$$L = \begin{pmatrix} l_{11} & & & \\ l_{21} & l_{22} & & \\ \vdots & \vdots & \ddots & \\ l_{n1} & l_{n2} & \cdots & l_{nn} \end{pmatrix}$$

の形の正方行列のことである（空白の成分はすべて 0 であり，以下で述べる行列についても同様である）．また，対角成分より下の成分がすべて 0 の正方行列のことを**上三角行列**という．すなわち，上三角行列 $U = (u_{ij})$ とは，

$$U = \begin{pmatrix} u_{11} & u_{12} & \cdots & u_{1n} \\ & u_{22} & \cdots & u_{2n} \\ & & \ddots & \vdots \\ & & & u_{nn} \end{pmatrix}$$

の形の正方行列のことである．

正方行列 $A = (a_{ij})$ を下三角行列 L と上三角行列 U を用いて $A = LU$ の形に分解したとき，すなわち，

$$\begin{pmatrix} a_{11} & a_{12} & \cdots & a_{1n} \\ a_{21} & a_{22} & \cdots & a_{2n} \\ \vdots & \vdots & \ddots & \vdots \\ a_{n1} & a_{n2} & \cdots & a_{nn} \end{pmatrix} = \begin{pmatrix} l_{11} & & & \\ l_{21} & l_{22} & & \\ \vdots & \vdots & \ddots & \\ l_{n1} & l_{n2} & \cdots & l_{nn} \end{pmatrix} \begin{pmatrix} u_{11} & u_{12} & \cdots & u_{1n} \\ & u_{22} & \cdots & u_{2n} \\ & & \ddots & \vdots \\ & & & u_{nn} \end{pmatrix}$$

と表したとき，これを行列 A の **LU 分解**という．ここで L は "Lower" の頭文字を，U は "Upper" の頭文字を表している．

例 1

行列
$$A = \begin{pmatrix} 2 & 4 & -2 \\ -3 & 2 & 7 \\ 2 & 6 & -7 \end{pmatrix}$$
は，行列
$$L = \begin{pmatrix} 2 & 0 & 0 \\ -3 & 4 & 0 \\ 2 & 1 & 2 \end{pmatrix}, \quad U = \begin{pmatrix} 1 & 2 & -1 \\ 0 & 2 & 1 \\ 0 & 0 & -3 \end{pmatrix}$$
を用いて LU 分解できる．すなわち，
$$\begin{pmatrix} 2 & 4 & -2 \\ -3 & 2 & 7 \\ 2 & 6 & -7 \end{pmatrix} = \begin{pmatrix} 2 & 0 & 0 \\ -3 & 4 & 0 \\ 2 & 1 & 2 \end{pmatrix} \begin{pmatrix} 1 & 2 & -1 \\ 0 & 2 & 1 \\ 0 & 0 & -3 \end{pmatrix}$$
である． □

すべての行列が LU 分解できるとは限らないが，後で示すように，正則行列であれば行を適当に入れ換えることによって，必ず LU 分解できる．係数行列の行を入れ換えても方程式系は同値であることに注意すれば，正則行列を係数行列とする連立 1 次方程式には LU 分解を用いた手法が適用できることになる．また，行列 A が LU 分解可能なとき，LU 分解は一意的ではなく，（定数倍を除いても）無限に多くの分解の仕方がある．これは以下のように考えると当然のことである．

サイズが $n \times n$ の下三角行列を定めるのに必要な成分の数が $1 + 2 + \cdots + n = (n^2 + n)/2$ 個，上三角行列を定めるのに必要な成分の数が $(n^2 + n)/2$ 個，合わせて $n^2 + n$ 個なのに対し，A の成分の数は n^2 個である．したがっ

て，定めるべき成分の数の方が必要な条件の数より多いため，一般には三角行列の成分の選び方に自由度が生じるのである．

いま，正則行列 A が 2 通りの方法で
$$A = L_1 U_1 = L_2 U_2$$
と分解できたとしよう．すると
$$L_2^{-1} L_1 = U_2 U_1^{-1} \tag{4.5}$$
であるが，ここで L_2^{-1} は下三角行列になることに注意しよう．（もしそうでないとすると，$L_2 L_2^{-1}$ を計算すると非対角成分が現れる．）同様に，U_1^{-1} は上三角行列になる．さらに，$L_2^{-1} L_1$ は下三角行列に，$U_2 U_1^{-1}$ は上三角行列になることも容易に確かめられる．したがって，(4.5) の左辺は下三角行列に，右辺は上三角行列になり，これらが等しいことから，(4.5) の両辺が対角行列になっていることがわかる．

そこで，この対角行列を D とおくと，
$$L_1 = L_2 D, \qquad U_2 = D U_1 \tag{4.6}$$
という関係が得られる．逆に，任意の正則な対角行列 D に対し，L_1, L_2, U_1, U_2 が (4.6) によって関係づけられているとすると，
$$L_2 U_2 = L_1 D^{-1} D U_1 = L_1 U_1$$
が成り立つ．つまり，正則行列の LU 分解には n 個の自由度があり，それらは対角行列との積によって，すべて (4.6) の関係で結ばれている．

4.5.2　LU 分解を用いた解法

行列 A を LU 分解しておくとどのような点で都合がよいのだろうか．LU 分解を用いる方法は，一般の連立 1 次方程式を三角行列を係数とする 2 つの連立 1 次方程式に分解し，二段構えで解こうというものである．もし係数行列が上三角行列であれば，前進過程は不要で後進過程のみで済む．4.3.1 項で見たように，後進過程は単なる代入計算であるから容易である．同様に，係数行列が下三角行列であれば，方程式を上から順に用いて代入計算をすることにより，$x_1, x_2, \cdots, x_n$ の順で解を容易に計算できる．

具体的には以下のように計算する．$\boldsymbol{y} = U\boldsymbol{x}$ とおけば，
$$A\boldsymbol{x} = LU\boldsymbol{x} = L\boldsymbol{y}$$
となる．したがって，$A\boldsymbol{x} = \boldsymbol{b}$ を直接解く代わりに，まず $L\boldsymbol{y} = \boldsymbol{b}$ を解き，次に $U\boldsymbol{x} = \boldsymbol{y}$ を解いても同じことである．このようにすると，解くべき方程式の数は 2 倍になるが，1 つ 1 つはもとの問題よりは格段に簡単になる．実際，後進過程の計算に必要な手間は n^2 回であるから，これを 2 回行なってもトータルの計算量は $2n^2$ 回の乗除算で済む．これは，4.3.2 項で計算したガウスの消去法に必要な乗除算の回数よりも少ない．

実は，それは当たり前のことで，LU 分解に要する計算量を考慮していないからである．しかしながら，一旦 LU 分解してしまえば，係数行列 A を固定してベクトル $\boldsymbol{b}$ をいろいろ変えて解く場合にはかなり有効な方法である．

LU 分解による連立 1 次方程式の解法

Step 1： 係数行列 A を下三角行列 L と上三角行列 U を用いて $A = LU$ と分解する．

Step 2： $L\boldsymbol{y} = \boldsymbol{b}$ を解く．

Step 3： $U\boldsymbol{x} = \boldsymbol{y}$ を解く．

さて，与えられた行列 A を LU 分解するには，ガウスの消去法と同様の手続きにより，以下のようにすればよい．

定理 4.3 ガウスの消去法において，係数行列 A に対して (4.4) によって定められた係数を $a_{ij}^{(k)}$ とする．下三角行列 $L = (l_{ij})$ を

$$l_{ij} = \begin{cases} 0 & (i < j) \\ \dfrac{a_{ij}^{(j)}}{a_{jj}^{(j)}} & (i \geq j) \end{cases}$$

で，上三角行列 $U = (u_{ij})$ を

$$u_{ij} = \begin{cases} a_{ij}^{(i)} & (i \leq j) \\ 0 & (i > j) \end{cases}$$

で定めると，$A = LU$ が成り立つ．ただし，上付き添字は各段階を表す．

4.5 LU 分解

【証明】 下三角行列 L を上のように定めたとき,まず $L\boldsymbol{y}=\boldsymbol{b}$ の解を計算してみる.$l_{ii}=1$ に注意して $y_1, y_2, \cdots, y_n$ についての方程式を書き下すと

$$\begin{cases} y_1 = b_1 \\ l_{21}y_1 + y_2 = b_2 \\ l_{31}y_1 + l_{32}y_2 + y_3 = b_3 \\ \quad\vdots \\ l_{n1}y_1 + l_{n2}y_2 + \cdots + l_{n,n-1}y_{n-1} + y_n = b_n \end{cases}$$

となる.これを上から順に解くと,まず

$$y_1 = b_1 = b_1^{(1)}$$

である.次に

$$l_{21} = \frac{a_{21}^{(1)}}{a_{11}^{(1)}}, \qquad b_2^{(2)} = b_2^{(1)} - \frac{a_{21}^{(1)}}{a_{11}^{(1)}} b_1^{(1)}$$

を用いると,y_2 は

$$y_2 = b_2 - l_{21}b_1 = b_2^{(1)} - l_{21}y_1^{(1)} = b_2^{(2)}$$

と計算できる.

同様に,$k=3,\cdots,n$ に対して

$$\begin{aligned} y_k &= b_k - l_{k1}y_1 - l_{k2}y_2 - \cdots - l_{k,k-1}y_{k-1} \\ &= b_k^{(1)} - l_{k1}b_1^{(1)} - l_{k2}b_2^{(2)} \cdots - l_{k,k-1}b_{k-1}^{(k-1)} \\ &= b_k^{(2)} - l_{k2}b_2^{(2)} - \cdots - l_{k,k-1}b_{k-1}^{(k-1)} \\ &\quad\vdots \\ &= b_k^{(k-1)} - l_{k,k-1}b_{k-1}^{(k-1)} \\ &= b_k^{(k)} \end{aligned}$$

となる.

したがって,$L\boldsymbol{y}=\boldsymbol{b}$ の解は

$$\boldsymbol{y} = \begin{pmatrix} b_1^{(1)} \\ b_2^{(2)} \\ \vdots \\ b_n^{(n)} \end{pmatrix}$$

である．これは，ガウスの消去法の前進過程の結果として得られた右辺の定数ベクトルである．

一方，上三角行列 U は

$$U = (u_{ij}) = \begin{pmatrix} a_{11}^{(1)} & a_{12}^{(1)} & a_{13}^{(1)} & \cdots & a_{1n}^{(1)} \\ & a_{22}^{(2)} & a_{23}^{(2)} & \cdots & a_{2n}^{(2)} \\ & & a_{33}^{(3)} & \cdots & a_{3n}^{(3)} \\ & & & \ddots & \vdots \\ & & & & a_{nn}^{(n)} \end{pmatrix}$$

と表され，これはガウスの消去法の前進過程の結果として得られる係数行列 $A^{(n)}$ とまったく同じ形である．そこでガウスの消去法の後進過程と同じ手続きにより $U\boldsymbol{x} = \boldsymbol{y}$ は簡単に解けて，方程式 $A\boldsymbol{x} = \boldsymbol{b}$ の解が得られる．

以上より，$A\boldsymbol{x} = \boldsymbol{b}$ を解くことと $LU\boldsymbol{x} = \boldsymbol{b}$ を解くことは同値である．すなわち，

$$LU\boldsymbol{x} = LUA^{-1}\boldsymbol{b} = \boldsymbol{b}$$

が任意のベクトル $\boldsymbol{b}$ について成り立つ．これを変形すると

$$(LUA^{-1} - I)\boldsymbol{b} = \boldsymbol{0}$$

となるが，これが任意のベクトル $\boldsymbol{b}$ について成立するのは $LUA^{-1} = I$ の場合に限る．よって，$A = LU$ が示された． □

この証明で用いた LU 分解の方法に必要な計算量を，ガウスの消去法のときと同様にして数えると，

$$\frac{2}{3}n^3 - \frac{1}{2}n^2 - \frac{1}{6}n$$

となる．また，1 つの方程式の解を求めるには，さらに後進過程 2 回分の計算量が必要であるが，$l_{ii} = 1$ であることを考慮すると，実際に必要な計算量は $2n^2 - n$ 回である．よって，m 個の方程式を解くのに必要な計算量は

$$\frac{2}{3}n^3 - \frac{1}{2}n^2 - \frac{1}{6}n + m(2n^2 - n)$$

となり，とくに $m = 1$ のときはガウスの消去法に必要な計算量と一致する．

例題 4.3

次の行列 A を LU 分解せよ．

$$A = \begin{pmatrix} 1 & 3 & 1 & -2 \\ 2 & 4 & -1 & 2 \\ 3 & 1 & 1 & 5 \\ 4 & 2 & -1 & 6 \end{pmatrix}$$

【解】 上で述べた手続きを実行する．まず，行列 A の第 1 列を $(1,1)$ 成分で割ったものが下三角行列 L の第 1 列となるので $(1,2,3,4)^T$ が L の第 1 列の成分である．ガウスの消去法を用いて A の $(2,1)$, $(3,1)$, $(4,1)$ 成分を 0 にすると，

$$\begin{pmatrix} 1 & 3 & 1 & -2 \\ 0 & -2 & -3 & 6 \\ 0 & -8 & -2 & 11 \\ 0 & -10 & -5 & 14 \end{pmatrix}$$

が得られる．この第 2 列を $(2,2)$ 成分で割り，かつ $(1,2)$ 成分を 0 としたものが行列 L の第 2 列 $(0,1,4,5)^T$ である．

次に，第 2 列の $(3,2)$, $(4,2)$ 成分をガウスの消去法で 0 にすると

$$\begin{pmatrix} 1 & 3 & 1 & -2 \\ 0 & -2 & -3 & 6 \\ 0 & 0 & 10 & -13 \\ 0 & 0 & 10 & -16 \end{pmatrix}$$

が得られる．この第 3 列を $(3,3)$ 成分で割り，$(1,3)$, $(2,3)$ 成分を 0 としたものが行列 L の第 3 列 $(0,0,1,1)^T$ となる．最後に，$(4,3)$ 成分を消去すると

$$\begin{pmatrix} 1 & 3 & 1 & -2 \\ 0 & -2 & -3 & 6 \\ 0 & 0 & 10 & -13 \\ 0 & 0 & 0 & -3 \end{pmatrix}$$

が得られる．したがって，行列 L の第 4 列は $(0,0,0,1)^T$ となる．

ガウスの消去法の前進過程の結果として得られた行列が上三角行列 U となるので，行列 A の LU 分解 $A = LU$ は

$$L = \begin{pmatrix} 1 & 0 & 0 & 0 \\ 2 & 1 & 0 & 0 \\ 3 & 4 & 1 & 0 \\ 4 & 5 & 1 & 1 \end{pmatrix}, \quad U = \begin{pmatrix} 1 & 3 & 1 & -2 \\ 0 & -2 & -3 & 6 \\ 0 & 0 & 10 & -13 \\ 0 & 0 & 0 & -3 \end{pmatrix}$$

で与えられる．この L と U に対して積 LU を計算すれば，A と一致することが確かめられる． □

4.5.3 三角行列

対角成分とその隣接する成分以外のすべての成分が 0 であるような行列

$$A = \begin{pmatrix} a_{11} & a_{12} & & & & \\ a_{21} & a_{22} & a_{23} & & & \\ & a_{32} & a_{33} & a_{34} & & \\ & & & \ddots & & \\ & & a_{n-1,n-2} & a_{n-1,n-1} & a_{n-1,n} \\ & & & & a_{n,n-1} & a_{nn} \end{pmatrix}$$

を**三角行列**という[1]．三角行列を係数行列とする連立 1 次方程式の場合，ガウスの消去法の前進過程において，その途中に現れる係数行列もすべて三角行列になることから，一般の係数行列の場合に比べて計算量が少なくて済む．さらには，三角行列は以下のようにして容易に LU 分解できる．

いま，

$$L = \begin{pmatrix} l_{11} & & & & & \\ l_{21} & l_{22} & & & & \\ & l_{32} & l_{33} & & & \\ & & & \ddots & & \\ & & l_{n-1,n-2} & l_{n-1,n-1} & \\ & & & & l_{n,n-1} & l_{nn} \end{pmatrix}$$

の形の下三角行列と，

$$U = \begin{pmatrix} 1 & u_{12} & & & & \\ & 1 & u_{23} & & & \\ & & 1 & u_{34} & & \\ & & & \ddots & & \\ & & & & 1 & u_{n-1,n} \\ & & & & & 1 \end{pmatrix}$$

の形の上三角行列を考え，$A = LU$ とおいてみると，

---

[1] 例えば，第 8 章で扱う偏微分方程式の数値解法においても，三角行列が現れる．

$$l_{11} = a_{11}, \qquad l_{21} = a_{21}, \qquad u_{12} = \frac{a_{12}}{l_{11}}$$

とすぐに計算できる．これら以外の成分も $k = 2, 3, \cdots, n-1$ に対して順に

$$l_{kk} = a_{kk} - l_{k,k-1}u_{k-1,k}, \qquad l_{k+1,k} = a_{k+1,k}, \qquad u_{k,k+1} = \frac{a_{k,k+1}}{l_{kk}}$$

と計算でき，最後に

$$l_{nn} = a_{nn} - l_{n,n-1}u_{n-1,n}$$

となる．このように，三角行列は極めて少ない計算量で LU 分解できる．

4.6 逐次近似法

4.6.1 反復法

　前節までに述べた直接的な解法は，一般には極めて強力で効率的な方法である．一方，係数行列の多くの成分が 0 のとき（このような行列を**疎行列**という）には，反復法による逐次近似も有力な手法となる．連立 1 次方程式に対する反復法は，基本的な考え方は非線形方程式に対する代入法と同じであり，方程式 $A\boldsymbol{x} = \boldsymbol{b}$ を，適当な行列 T と列ベクトル $\boldsymbol{c}$ を用いて

$$\boldsymbol{x} = T\boldsymbol{x} + \boldsymbol{c} \tag{4.7}$$

と書き直し，反復公式

$$\boldsymbol{x}^{(k+1)} = T\boldsymbol{x}^{(k)} + c \qquad (k = 0, 1, 2, \cdots) \tag{4.8}$$

により逐次近似列を構成するものである．このような T のことを**反復行列**という．まず，この反復によって解に収束するための条件を与えよう．

補題 4.4　反復公式 (4.8) に関して，以下の 3 つの条件は同値である．
（ⅰ）すべての $\boldsymbol{x}^{(0)} \in \mathbf{R}^n$ に対し，$k \to \infty$ で $\boldsymbol{x}^{(k)}$ が (4.7) の解に収束する．
（ⅱ）$k \to \infty$ のとき，T^k が零行列に収束する．
（ⅲ）T のすべての固有値[2]の絶対値が 1 より小さい．

2）　行列の固有値については第 5 章で詳しく説明する．

この補題 4.4 について簡単な説明を加えよう．真の解を $\bm{x}^t$，誤差を $\mathbf{e}^{(k)} := \bm{x}^{(k)} - \bm{x}^t$ とすると

$$\begin{aligned}
\mathbf{e}^{(k+1)} &= \bm{x}^{(k+1)} - \bm{x}^t \\
&= (T\bm{x}^{(k)} + \bm{c}) - (T\bm{x}^t + \bm{c}) \\
&= T(\bm{x}^{(k)} - \bm{x}^t) \\
&= T\mathbf{e}^{(k)}
\end{aligned}$$

が成り立つ．これを繰り返し用いると

$$\mathbf{e}^{(k)} = T^k \mathbf{e}^{(0)} \qquad (k = 0, 1, 2, \cdots)$$

が得られる．これより，T^k が零行列に収束すれば，$\mathbf{e}^{(0)}$ にかかわらず，$\mathbf{e}^{(k)}$ は $\bm{0}$ に収束する．また，このとき，任意の初期値 $\bm{x}^{(0)}$ に対して，反復公式 (4.8) は真の解に収束する逐次近似列を与える．なお，T^k が零行列に収束するためには，T のすべての固有値の絶対値が 1 より小さいことが必要かつ十分である．詳しくは，線形代数の教科書（例えば，参考文献［5］）を参照して頂くことにし，詳細は省略する．

さて，方程式 $A\bm{x} = \bm{b}$ を (4.7) の形に書き直すにはどうすればよいだろうか．そのために，まず A を正則行列 M と（正則とは限らない）行列 N の和 $A = M + N$ に分解する．このとき方程式は $(M + N)\bm{x} = \bm{b}$ と表され，これを変形すると

$$\bm{x} = -M^{-1}N\bm{x} + M^{-1}\bm{b}$$

となる．これは (4.7) において $T = -M^{-1}N$，$\bm{c} = M^{-1}\bm{b}$ とした式である．要するに，(4.7) の形への書き直し方は M の取り方に依存し，その分だけ自由度がある．一方，係数行列 A を対角行列 D，対角成分がすべて 0 の下三角行列 L，および対角成分がすべて 0 の上三角行列 U を用いて

$$A = D + L + U$$

と分解しておく．ただし，

4.6 逐次近似法

$$D = \begin{pmatrix} a_{11} & & & \\ & a_{22} & & \\ & & \ddots & \\ & & & a_{nn} \end{pmatrix}$$

$$L = \begin{pmatrix} 0 & & & & \\ a_{21} & 0 & & & \\ a_{31} & a_{32} & 0 & & \\ \vdots & \vdots & \ddots & \ddots & \\ a_{n1} & a_{n2} & \cdots & a_{n,n-1} & 0 \end{pmatrix}, \quad U = \begin{pmatrix} 0 & a_{12} & a_{13} & \cdots & a_{1n} \\ & 0 & a_{23} & \cdots & a_{2n} \\ & & 0 & \ddots & \vdots \\ & & & \ddots & a_{n-1,n} \\ & & & & 0 \end{pmatrix}$$

である．

以下では，反復法による連立 1 次方程式の具体的な数値解法であるヤコビ法，ガウス‐ザイデル法，SOR 法について述べるが，行列 M を行列 D, L, U と関係付けながら選ぶことになる．

4.6.2 ヤコビ法

解の k 番目の近似値を $x_1^{(k)}, x_2^{(k)}, \cdots, x_m^{(k)}$ とするとき，$k+1$ 番目の解の近似値 $x_1^{(k+1)}, x_2^{(k+1)}, \cdots, x_m^{(k+1)}$ を

$$\begin{cases} a_{11}x_1^{(k+1)} + a_{12}x_2^{(k)} + a_{13}x_3^{(k)} + \cdots + a_{1n}x_n^{(k)} = b_1 \\ a_{21}x_1^{(k)} + a_{22}x_2^{(k+1)} + a_{23}x_3^{(k)} + \cdots + a_{2n}x_n^{(k)} = b_2 \\ \quad \vdots \\ a_{n1}x_1^{(k)} + a_{n2}x_2^{(k)} + a_{n3}x_3^{(k)} + \cdots + a_{nn}x_n^{(k+1)} = b_n \end{cases}$$

で定める方法を**ヤコビ法**という．この方法では，未知数や方程式の順序を入れ替えて，係数行列の対角成分 $a_{11}, a_{22}, \cdots, a_{nn}$ がすべて 0 ではないようにしておく必要がある．係数行列が正則ならば，これは常に可能であり，このとき対角行列 D は正則行列となる．

ヤコビ法は

$$D\boldsymbol{x}^{(k+1)} + (L+U)\boldsymbol{x}^{(k)} = b$$

あるいは

$$\boldsymbol{x}^{(k+1)} = -D^{-1}(L+U)\boldsymbol{x}^{(k)} + D^{-1}\boldsymbol{b}$$

と表すことができる．すなわち，ヤコビ法は係数行列 A を $M = D$ と $N = L + U$ の和に分解し，反復公式 (4.8) において

$$T = -D^{-1}(L + U), \quad \boldsymbol{c} = D^{-1}\boldsymbol{b}$$

としたものである．

4.6.3 ガウス－ザイデル法

ヤコビ法においては，k 番目の近似解 $x_1^{(k)}, x_2^{(k)}, \cdots, x_m^{(k)}$ の値のみを用いて $k+1$ 番目の近似解を計算するのに対し，**ガウス－ザイデル法**は新たに求めた近似解の値を順次用いて

$$\begin{cases} a_{11}x_1^{(k+1)} + a_{12}x_2^{(k)} + a_{13}x_3^{(k)} + \cdots + a_{1n}x_n^{(k)} = b_1 \\ a_{21}x_1^{(k+1)} + a_{22}x_2^{(k+1)} + a_{23}x_3^{(k)} + \cdots + a_{2n}x_n^{(k)} = b_2 \\ \quad \vdots \\ a_{n1}x_1^{(k+1)} + a_{n2}x_2^{(k+1)} + a_{n3}x_3^{(k+1)} + \cdots + a_{nn}x_n^{(k+1)} = b_n \end{cases}$$

を考え，上から順に $x_1^{(k+1)}, x_2^{(k+1)}, \cdots, x_m^{(k+1)}$ を求める方法である．

ガウス－ザイデル法は

$$(D + L)\boldsymbol{x}^{(k+1)} + U\boldsymbol{x}^{(k)} = \boldsymbol{b}$$

あるいは

$$\boldsymbol{x}^{(k+1)} = -(D + L)^{-1}U\boldsymbol{x}^{(k)} + (D + L)^{-1}\boldsymbol{b}$$

と表すことができる．すなわち，ガウス－ザイデル法は係数行列 A を $M = D + L$ と $N = U$ の和に分解し，反復公式 (4.8) において

$$T = -(D + L)^{-1}U, \quad \boldsymbol{c} = (D + L)^{-1}\boldsymbol{b}$$

としたものである．

なお，実際の計算においては，$D + L$ の逆行列を計算するよりも，ガウスの消去法における後進過程のようにして解く方が効率的である．

ガウス－ザイデル法は常に最新の近似値を使うことから，一般にヤコビ法より効率が良い．

4.6.4 SOR 法

SOR 法(Succesive Over-Relaxation:**逐次加速緩和法**)は,ガウス - ザイデル法を修正して収束が改善されるように工夫した反復法で,ω を正のパラメータとし,

$$x_i^{(k+1)} = (1-\omega)x_i^{(k)} + \frac{\omega}{a_{ii}}\left\{b_i - \sum_{j=1}^{i-1}a_{ij}x_j^{(k+1)} - \sum_{j=i+1}^{n}a_{ij}x_j^{(k)}\right\}$$
$$(i=1,2,\cdots,n)$$

と表される方法である.ω の値によって収束の速さが変わるので,ω を**加速パラメータ**と呼ぶ.

SOR 法は係数行列 A を

$$M = \frac{1}{\omega}D + L, \qquad N = \left(1-\frac{1}{\omega}\right)D + U$$

の和に分解し,

$$\left(\frac{1}{\omega}D + L\right)\boldsymbol{x}^{(k+1)} = -\left\{\left(1-\frac{1}{\omega}\right)D + U\right\}\boldsymbol{x}^{(k)} + \boldsymbol{b}$$

とする方法である.これは反復公式 (4.8) において

$$T = -\left(\frac{1}{\omega}D + L\right)^{-1}\left\{\left(1-\frac{1}{\omega}\right)D + U\right\}, \qquad \boldsymbol{c} = \left(\frac{1}{\omega}D + L\right)^{-1}\boldsymbol{b}$$

としたものである.すぐにわかるように,$\omega = 1$ のときはガウス - ザイデル法に対応する.

SOR 法は,$\omega > 0$ をうまく選べば必ず補題 4.4 の条件が満たされる.また,ω の広い範囲において,収束がヤコビ法やガウス - ザイデル法より改善される.ただし,ω の最適な値は前もってわからないため,問題に応じた適

表 4.3 逐次近似法の公式

逐次近似法	T	C
ヤコビ法	$-D^{-1}(L+U)$	$D^{-1}\boldsymbol{b}$
ガウス - ザイデル法	$-(D+L)^{-1}U$	$(D+L)^{-1}\boldsymbol{b}$
SOR 法	$-\left(\frac{1}{\omega}D+L\right)^{-1}\left\{\left(1-\frac{1}{\omega}\right)D+U\right\}$	$\left(\frac{1}{\omega}D+L^{-1}\right)^{-1}\boldsymbol{b}$

D:対角行列, L:下三角行列, U:上三角行列, ω:収束の加速パラメータ

切な値を試行錯誤により選択する必要がある．

例題 4.4

連立 1 次方程式

$$\begin{cases} 2x_1 + 3x_2 + x_3 = 1 \\ 2x_1 + 4x_2 - x_3 = -2 \\ 3x_1 + x_2 - 3x_3 = -3 \end{cases}$$

をヤコビ法，ガウス - ザイデル法，SOR 法で解き，収束の結果を比較せよ．

【解】　この連立 1 次方程式の解は

$$x_1 = 0.434783\cdots, \quad x_2 = -0.391304\cdots, \quad x_3 = 1.304348\cdots$$

である．反復法で用いる初期値を $x_1^{(0)} = 0$，$x_2^{(0)} = 0$，$x_3^{(0)} = 0$ とする．このとき，ヤコビ法では表 4.4 のような結果となり，ほぼ収束するまで 70 回程度の反復が必要である．

　ガウス - ザイデル法での反復では表 4.5 のような結果となり，32 回の反復でほぼ収束している．

　SOR 法（$\omega = 0.8$）での反復では表 4.6 のような結果となり，28 回の反復でほぼ収束している．

　以上の結果，3 つの方法の中では SOR 法が最も収束が速いことがわかる．

表 4.4　ヤコビ法による計算

反復の回数 n	$x_1^{(n)}$	$x_2^{(n)}$	$x_3^{(n)}$
0	0.000000	0.000000	0.000000
1	0.500000	-0.500000	1.000000
2	0.750000	-0.500000	1.333333
3	0.583333	-0.541667	1.583333
4	0.520833	-0.395833	1.402778
5	0.392361	-0.409722	1.388889
⋮	⋮	⋮	⋮
69	0.434782	-0.391305	1.304348
70	0.434783	-0.391304	1.304348

表 4.5　ガウス - ザイデル法による計算

反復の回数 n	$x_1^{(n)}$	$x_2^{(n)}$	$x_3^{(n)}$
0	0.000000	0.000000	0.000000
1	0.500000	-0.750000	1.250000
2	1.000000	-0.687500	1.770833
3	0.645833	-0.380208	1.519097
4	0.310764	-0.275608	1.218895
5	0.303964	-0.347258	1.188211
⋮	⋮	⋮	⋮
30	0.434782	-0.391304	1.304347
31	0.434783	-0.391304	1.304348

表 4.6　SOR 法による計算 ($\omega = 0.8$ の場合)

反復の回数 n	$x_1^{(n)}$	$x_2^{(n)}$	$x_3^{(n)}$
0	0.000000	0.000000	0.000000
1	0.400000	-0.560000	0.970667
2	0.763733	-0.623360	1.438891
3	0.725222	-0.526983	1.527427
4	0.566453	-0.426492	1.444917
5	0.447115	-0.375161	1.346632
⋮	⋮	⋮	⋮
27	0.434782	-0.391305	1.304347
28	0.434783	-0.391304	1.304348

　この例題 4.4 が示すように，未知数の少ない方程式に反復法を適用してもそれほど効果的ではない．本来，反復法は，未知数が多く，係数行列が疎行列のときにこそ威力を発揮する方法である．

4.7　誤差の評価

4.7.1　誤差と残差

　前節までは，連立 1 次方程式に対し，いかに効率良く解を求めるかについて述べてきた．この節では，数値解法で求めた解の誤差評価について述べる．

　連立 1 次方程式 $A\boldsymbol{x} = \boldsymbol{b}$ の真の解を $\boldsymbol{x}^t$ で，その近似解を $\tilde{\boldsymbol{x}}$ で表すと，その誤差 $\mathbf{e}$ は

$$\mathbf{e} = \tilde{\boldsymbol{x}} - \boldsymbol{x}^t$$

である．ただし，真の解は実際にはわからないので，近似解からはその誤差が直接的には評価できない．そこで，

$$\boldsymbol{r} = A\tilde{\boldsymbol{x}} - \boldsymbol{b}$$

から誤差を評価することを考える．このベクトル $\boldsymbol{r}$ を**残差**あるいは**残差ベクトル**といい，係数行列 A を近似解 $\tilde{\boldsymbol{x}}$ に掛けて $\boldsymbol{b}$ との差をとることで簡単に

計算できる．もちろん，残差ベクトルが $\mathbf{0}$ のときは $\tilde{\boldsymbol{x}}$ は真の解であるが，そうでないときに残差ベクトルから誤差をどのようにしたら評価できるのだろうか．

まず，最も簡単な 1 次方程式 $ax = b$ について考えてみよう．真の解 x^t とその近似解 $\tilde{x} = x^t + \mathrm{e}$ に対し，
$$r = a\tilde{x} - b = a(x^t + \mathrm{e}) - b = a\mathrm{e}$$
である．これより誤差は $\mathrm{e} = r/a$ となるが，これは $|a|$ が非常に大きいと，たとえ残差が大きくても誤差は小さく，逆に $|a|$ が非常に小さいと残差が小さくても誤差は大きいということである．連立 1 次方程式に対しても，もし係数の絶対値がすべて小さいと同様のことが起こることは容易に想像できる．しかしながら，係数の絶対値が小さくなくても，誤差が残差に比べて非常に大きくなることがある．

次の例を見てみよう．

例 2

連立方程式
$$\begin{cases} 2x_1 + x_2 = 1 \\ 1.99x_1 + 0.99x_2 = 1 \end{cases}$$
を考える．行列とベクトルを使って $A\boldsymbol{x} = \boldsymbol{b}$ と表すと
$$A = \begin{pmatrix} 2 & 1 \\ 1.99 & 0.99 \end{pmatrix}, \quad \boldsymbol{x} = \begin{pmatrix} x_1 \\ x_2 \end{pmatrix}, \quad \boldsymbol{b} = \begin{pmatrix} 1 \\ 1 \end{pmatrix}$$
である．簡単にわかるように，真の解は $\boldsymbol{x}^t = (1, -1)^T$ である．

一方，$\tilde{\boldsymbol{x}} = (0, 1)^T$ として誤差と残差を計算してみると，それぞれ
$$\mathbf{e} = \tilde{\boldsymbol{x}} - \boldsymbol{x}^t = \begin{pmatrix} -1 \\ 2 \end{pmatrix}, \quad \boldsymbol{r} = A\tilde{\boldsymbol{x}} - \boldsymbol{b} = \begin{pmatrix} 0 \\ -0.01 \end{pmatrix}$$
となり，残差に比べて誤差が非常に大きい．これは，係数行列が非正則行列
$$\begin{pmatrix} 2 & 1 \\ 2 & 1 \end{pmatrix}$$
に近いために，係数行列の逆行列の成分が大きくなり，単独の 1 次方程式において係数が小さい場合と同様のことが生じたためである． □

4.7 誤差の評価

残差から誤差を評価するために，いくつかの数学的準備をしておこう．ベクトル $\boldsymbol{x} = (x_1, x_2, \cdots, x_n)^T$ に対し，その大きさをノルム

$$\|\boldsymbol{x}\| := \sqrt{\sum_{i=1}^{n} x_i^2}$$

で測ることにする．同様に，行列 $A = (a_{ij})$ に対しても

$$\|A\| := \sqrt{\sum_{i,j=1}^{n} a_{ij}^2}$$

で大きさを測る．ベクトルと行列のノルムについては三角不等式

$$\|\boldsymbol{x} + \boldsymbol{y}\| \leq \|\boldsymbol{x}\| + \|\boldsymbol{y}\|, \qquad \|A + B\| \leq \|A\| + \|B\|$$

や

$$\|A\boldsymbol{x}\| \leq \|A\|\|\boldsymbol{x}\| \tag{4.9}$$

などの不等式が成り立つことはよく知られている．

次の定理は，残差がわかっているときに，近似解の絶対誤差と相対誤差をノルムを使って評価したものである．

定理 4.5 A を正則行列とし，方程式 $A\boldsymbol{x} = \boldsymbol{b}$ の真の解を $\boldsymbol{x}^t$，近似解を $\tilde{\boldsymbol{x}}$，残差を $\boldsymbol{r} = A\tilde{\boldsymbol{x}} - \boldsymbol{b}$ とする．このとき，誤差 $\mathbf{e} = \tilde{\boldsymbol{x}} - \boldsymbol{x}^t$ について以下の評価が成り立つ．

（ i ） 絶対誤差 $\|\mathbf{e}\|$ は不等式

$$\frac{1}{\|A\|}\|\boldsymbol{r}\| \leq \|\mathbf{e}\| \leq \|A^{-1}\|\|\boldsymbol{r}\|$$

を満たす．

（ ii ） $\boldsymbol{x}^t \neq \boldsymbol{0}$ かつ $\boldsymbol{b} \neq \boldsymbol{0}$ のとき，相対誤差 $\|\mathbf{e}\|/\|\boldsymbol{x}^t\|$ は不等式

$$\frac{1}{\|A\|\|A^{-1}\|}\frac{\|\boldsymbol{r}\|}{\|\boldsymbol{b}\|} \leq \frac{\|\mathbf{e}\|}{\|\boldsymbol{x}^t\|} \leq \|A\|\|A^{-1}\|\frac{\|\boldsymbol{r}\|}{\|\boldsymbol{b}\|}$$

を満たす．

【証明】 まず（ i ）を示す．誤差と残差の定義から

$$\boldsymbol{r} = A\tilde{\boldsymbol{x}} - \boldsymbol{b} = A\tilde{\boldsymbol{x}} - A\boldsymbol{x}^t = A(\tilde{\boldsymbol{x}} - \boldsymbol{x}^t) = A\mathbf{e}$$

である．そこで $\boldsymbol{r} = A\mathbf{e}$ に対して (4.9) を使うと

$$\|\boldsymbol{r}\| = \|A\mathbf{e}\| \leq \|A\|\|\mathbf{e}\|$$

すなわち

$$\frac{1}{\|A\|}\|\boldsymbol{r}\| \leq \|\mathbf{e}\|$$

を得る．一方，$\boldsymbol{r} = A\mathbf{e}$ と等価な $\mathbf{e} = A^{-1}\boldsymbol{r}$ に対して (4.9) を使うと

$$\|\mathbf{e}\| = \|A^{-1}\boldsymbol{r}\| \leq \|A^{-1}\|\|\boldsymbol{r}\|$$

が得られる．

次に (ii) を示す．$A\boldsymbol{x}^t = \boldsymbol{b}$ に (4.9) を使うと

$$\|\boldsymbol{b}\| = \|A\boldsymbol{x}^t\| \leq \|A\|\|\boldsymbol{x}^t\|$$

となり，これより

$$\frac{1}{\|\boldsymbol{x}^t\|} \leq \frac{\|A\|}{\|\boldsymbol{b}\|}$$

を得る．同様に，$\boldsymbol{x}^t = A^{-1}\boldsymbol{b}$ より

$$\frac{1}{\|A^{-1}\|\|\boldsymbol{b}\|} \leq \frac{1}{\|\boldsymbol{x}^t\|}$$

が導ける．以上より，

$$\frac{1}{\|A^{-1}\|\|\boldsymbol{b}\|} \leq \frac{1}{\|\boldsymbol{x}^t\|} \leq \frac{\|A\|}{\|\boldsymbol{b}\|}$$

が得られた．これと (i) を組み合わせると，ただちに (ii) が得られる．□

この定理は，誤差をユークリッドノルムを用いて上と下から評価したものであるが，実は他のノルム，例えば

最大値ノルム： $\|\boldsymbol{x}\| := \max_{1 \leq i \leq n} |x_i|$, $\|A\| := \max_{1 \leq i, j \leq n} |a_{ij}|$

や

l_1 ノルム： $\|\boldsymbol{x}\| := \frac{1}{n}\sum_{i=1}^{n} |x_i|$, $\|A\| := \frac{1}{n^2}\sum_{i,j=1}^{n} |a_{ij}|$

を用いてもまったく同じ結果が導ける．実際，これらのノルムに対しても，(4.9) のような不等式が成り立ち，上の証明がそのまま適用できる．

4.7.2 条件数

定理 4.5（ⅰ）からわかることは，$\|A\|$ が小さいときには，残差 r から絶対誤差 $\|\mathbf{e}\|$ を推定するのは難しいということである．一方，定理 4.5（ⅱ）からわかるように，相対誤差 $\|\mathbf{e}\|/\|\boldsymbol{x}^t\|$ は

$$\mathrm{cond}\,(A) := \|A\|\|A^{-1}\|$$

の値に依存している．この値を行列 A の**条件数**という．条件数 $\mathrm{cond}\,(A)$ の値はノルムの取り方によるが，常に 1 以上である．これは

$$\mathrm{cond}\,(A) = \|A\|\|A^{-1}\| \geq \|AA^{-1}\| = \|I\| = 1$$

から簡単に示される．条件数が 1 に近いと残差 r を使ってかなり正確に誤差 $\mathbf{e}$ が推定できるが，逆に条件数が大きいときには，残差 r から誤差 $\mathbf{e}$ を推定することはあまり意味のないものとなる．

例 3

例 2 の係数行列

$$A = \begin{pmatrix} 2 & 1 \\ 1.99 & 0.99 \end{pmatrix}$$

について条件数を計算してみよう．まず，$\|A\|$ を計算すると

$$\|A\| = \sqrt{2^2 + 1^2 + 1.99^2 + 0.99^2} = \sqrt{9.9402}$$

である．A の逆行列は，$\det A = -0.01$ より

$$A^{-1} = \frac{1}{\det A}\begin{pmatrix} 0.99 & -1 \\ -1.99 & 2 \end{pmatrix} = \begin{pmatrix} -99 & 100 \\ 199 & -200 \end{pmatrix}$$

と計算できるので，そのノルムは

$$\|A^{-1}\| = \sqrt{(-99)^2 + 100^2 + 199^2 + (200)^2} = \sqrt{99402}$$

となる．

以上より，A の条件数は

$$\mathrm{cond}\,(A) = \|A\|\|A^{-1}\| = 994.02$$

と求められた．これは極めて大きい数であり，A を係数行列にもつ方程式は数値的に解きにくいことがわかる． □

次に，係数行列 A と右辺のベクトル $\boldsymbol{b}$ 自体も近似値であり，誤差が含まれている場合について考えてみよう．このとき，A と $\boldsymbol{b}$ の誤差は数値解に

どのような影響を与えるだろうか．このためには，$A\bm{x} = \bm{b}$ の真の解を $\bm{x}^t$，係数行列を $A + \delta A$，右辺のベクトルを $\bm{b} + \delta \bm{b}$ としたときの真の解を $\bm{x}^t + \delta \bm{x}^t$ として，δA, $\delta \bm{b}$ と $\delta \bm{x}^t$ の関係について調べればよい．つまり，

$$A\bm{x}^t = \bm{b}, \qquad (A + \delta A)(\bm{x}^t + \delta \bm{x}^t) = \bm{b} + \delta \bm{b} \qquad (4.10)$$

とする．また，各相対誤差

$$\frac{\|\delta A\|}{\|A\|}, \qquad \frac{\|\delta \bm{b}\|}{\|\bm{b}\|}, \qquad \frac{\|\delta \bm{x}^t\|}{\|\bm{x}^t\|}$$

は1に比べて十分小さいと仮定しよう．なお，A が正則であれば $\det A \neq 0$ であるから，$\|\delta A\|$ が十分小さければ，行列式の値の連続性より $\det(A + \delta A) \neq 0$ となり，$A + \delta A$ も正則となる．

さて，(4.10) より，

$$\delta \bm{x}^t = A^{-1}(\delta \bm{b} - \delta A \bm{x}^t - \delta A \delta \bm{x}^t)$$

となるので，両辺のノルムをとり $\|A^{-1}\| = \mathrm{cond}(A)/\|A\|$ を用いると

$$\|\delta \bm{x}^t\| \leq \|A^{-1}\|(\|\delta \bm{b}\| + \|\delta A\|\|\bm{x}^t\| + \|\delta A\|\|\delta \bm{x}^t\|)$$

$$= \frac{\mathrm{cond}(A)}{\|A\|}\left(\frac{\|\delta \bm{b}\|}{\|\bm{x}^t\|} + \|\delta A\| + \|\delta A\|\frac{\|\delta \bm{x}^t\|}{\|\bm{x}^t\|}\right)\|\bm{x}^t\|$$

が得られる．さらに，$\|\bm{b}\| \leq \|A\|\|\bm{x}^t\|$ を用いると

$$\frac{\|\delta \bm{x}^t\|}{\|\bm{x}^t\|} \leq \mathrm{cond}(A)\left(\frac{\|\delta \bm{b}\|}{\|\bm{b}\|} + \frac{\|\delta A\|}{\|A\|} + \frac{\|\delta A\|}{\|A\|}\frac{\|\delta \bm{x}^t\|}{\|\bm{x}^t\|}\right)$$

が成り立つことがわかる．

この評価式は，たとえ A と $\bm{b}$ に関する相対誤差が小さくても，条件数 $\mathrm{cond}(A)$ が大きいと近似解の相対誤差 $\|\delta \bm{x}^t\|/\|\bm{x}^t\|$ が大きくなる可能性を示している．これは誤差を上から評価したものであって，必ずしも誤差が大きいとは限らないが，条件数が大きいときには，連立1次方程式は数値的には扱いにくくなり，計算結果の信頼性については十分な検討を加える必要がある．

第5章

行列の固有値問題

　行列の固有値と固有ベクトルの計算は，振動系の解析や動的システムの安定性など，線形系の性質を調べるためには欠かせないものである．実対称行列の固有値はすべて実数で，固有ベクトルは直交系をなすという著しく良い性質を用いて，すべての固有値と固有ベクトルを逐次近似法によって計算する方法について述べる．一方，一般の行列に対する固有値問題に対しては，絶対値が最大の固有値とそれに対応する固有ベクトルの計算が目標となる．

5.1 行列の固有値

5.1.1 固有値と固有ベクトル

n 次正方行列 $A = (a_{ij})$ に対し，
$$A\boldsymbol{v} = \lambda\boldsymbol{v}, \qquad \boldsymbol{v} \neq \boldsymbol{0} \tag{5.1}$$
を満たす複素数 $\lambda \in \mathbf{C}$ と複素数ベクトル $\boldsymbol{v} \in \mathbf{C}^n$ が存在するとき，λ を A の**固有値**といい，$\boldsymbol{v}$ を λ に対応する**固有ベクトル**という．そして，行列が与えられたとき，その固有値と固有ベクトルを求める問題を**固有値問題**という．

$\boldsymbol{v}$ を固有値 λ に対応する 1 つの固有ベクトルとすると，任意のスカラー $\alpha \in \mathbf{C}$ に対し，
$$A(\alpha\boldsymbol{v}) = \alpha(A\boldsymbol{v}) = \alpha(\lambda\boldsymbol{v}) = \lambda(\alpha\boldsymbol{v})$$
が成り立つ．したがって，$\boldsymbol{v}$ が固有ベクトルならば，その任意のスカラー倍 $\alpha\boldsymbol{v}$ （ただし，$\alpha \neq 0$）も同じ固有値に対応する固有ベクトルである．そのため，定数倍しか違わない固有ベクトルは，同じ固有ベクトルとみなされる．

ここではまず，行列の固有値に関する基本的な性質をまとめておこう．(5.1) の右辺を移項すると
$$(A - \lambda I)\boldsymbol{v} = \boldsymbol{0}$$
となる．この式を，$\boldsymbol{v}$ を未知ベクトルとする連立 1 次方程式とみなすと，$\boldsymbol{v} \neq \boldsymbol{0}$ を満たす解をもつための必要十分条件は係数行列 $A - \lambda I$ が正則でないこと，すなわち
$$\det(A - \lambda I) = \det\begin{pmatrix} a_{11} - \lambda & a_{12} & \cdots & a_{1n} \\ a_{21} & a_{22} - \lambda & \cdots & a_{2n} \\ \vdots & \vdots & \ddots & \vdots \\ a_{n1} & a_{n2} & \cdots & a_{nn} - \lambda \end{pmatrix} = 0$$
を満たすことである．

$\det(A - \lambda I)$ は n 次多項式であり，これを**固有多項式**という．また，λ に関する方程式 $\det(A - \lambda I) = 0$ を**固有方程式**あるいは**特性方程式**という．固有方程式は n 次代数方程式であるから，代数学の基本定理より

（重複を含めて）ちょうど n 個の解をもつ．この定理より，n 次正方行列には最大で n 個の固有値が存在することがわかる．

P を正則な n 次正方行列とするとき，A に対して $P^{-1}AP$ を対応させる変換を**相似変換**といい，このとき P を**変換行列**という．$P^{-1}AP$ の固有多項式を計算すると

$$\det(P^{-1}AP - \lambda I) = \det(P^{-1}(A - \lambda I)P)$$
$$= (\det P)^{-1} \det(A - \lambda I) \det P$$
$$= \det(A - \lambda I)$$

が成り立ち，したがって，相似変換によって固有多項式は不変である．また，A の固有値 λ と対応する固有ベクトル $\boldsymbol{v}$ に対し，λ は $P^{-1}AP$ の固有値であり，対応する固有ベクトルは $P^{-1}\boldsymbol{v}$ で与えられる．実際，

$$P^{-1}AP(P^{-1}\boldsymbol{v}_i) = P^{-1}A\boldsymbol{v}_i = P^{-1}(\lambda_i \boldsymbol{v}_i) = \lambda_i(P^{-1}\boldsymbol{v}_i) \qquad (i = 1, 2, \cdots, n)$$

である．

5.1.2 実対称行列と対角化

実数を成分とする行列 A がその転置行列と等しいとき，すなわち $A = A^T$ を満たすとき，A を**実対称行列**という．例えば，3 次の実対称行列は

$$A = \begin{pmatrix} * & a & b \\ a & * & c \\ b & c & * \end{pmatrix}$$

と表される．ここで a, b, c は任意の実数であり，$*$ と書いた成分は，どのような実数でもよいことを表す（各々の $*$ が異なる数値でもよい）．理工学においては，自然法則の対称性などを反映して実対称行列がしばしば現れ，特に重要な意味をもっている．

2 個の実ベクトル

$$\boldsymbol{a} = \begin{pmatrix} a_1 \\ a_2 \\ \vdots \\ a_n \end{pmatrix}, \qquad \boldsymbol{b} = \begin{pmatrix} b_1 \\ b_2 \\ \vdots \\ b_n \end{pmatrix}$$

に対し，
$$(\boldsymbol{a}, \boldsymbol{b}) := \boldsymbol{a}^T \boldsymbol{b} = a_1 b_1 + a_2 b_2 + \cdots + a_n b_n$$
によって定まる実数を a と b の**内積**という．定義より明らかに，$(\boldsymbol{a}, \boldsymbol{b}) = (\boldsymbol{b}, \boldsymbol{a})$ が常に成り立つ．$(\boldsymbol{a}, \boldsymbol{b}) = 0$ のとき，ベクトル $\boldsymbol{a}$ と $\boldsymbol{b}$ は**直交**するという．

実対称行列について，次の重要な定理が成り立つ．

定理 5.1 n 次実対称行列の固有値はすべて実数であり，固有ベクトルとして実ベクトルをとることができる．また，異なる固有値に対応する固有ベクトルは直交する．

【証明】 $\boldsymbol{v}$ を固有値 λ に対応する固有ベクトルとする．(5.1) の複素共役をとると，A が実行列ならば $A\overline{\boldsymbol{v}} = \overline{\lambda}\overline{\boldsymbol{v}}$ である．すなわち，$\overline{\boldsymbol{v}}$ は固有値 $\overline{\lambda}$ に対する固有ベクトルである．等式 $A\overline{\boldsymbol{v}} = \overline{\lambda}\overline{\boldsymbol{v}}$ に左側から $\boldsymbol{v}^T$ を掛けると
$$\boldsymbol{v}^T A \overline{\boldsymbol{v}} = \overline{\lambda} \boldsymbol{v}^T \overline{\boldsymbol{v}} \tag{5.2}$$
が得られる．この式の複素共役をとると，$\overline{\boldsymbol{v}^T} = (\overline{\boldsymbol{v}})^T$ より
$$\overline{\boldsymbol{v}}^T A \boldsymbol{v} = \lambda \overline{\boldsymbol{v}}^T \boldsymbol{v}$$
となる．ここで，A が実対称行列であることから，上式の左辺は $\overline{\boldsymbol{v}}^T A \boldsymbol{v} = (\overline{\boldsymbol{v}}, A\boldsymbol{v}) = (A\boldsymbol{v}, \overline{\boldsymbol{v}}) = (\boldsymbol{v}, A\overline{\boldsymbol{v}}) = \boldsymbol{v}^T A \overline{\boldsymbol{v}}$ を満たし，また右辺は $\lambda \overline{\boldsymbol{v}}^T \boldsymbol{v} = \lambda(\overline{\boldsymbol{v}}, \boldsymbol{v}) = \lambda(\boldsymbol{v}, \overline{\boldsymbol{v}}) = \lambda \boldsymbol{v}^T \overline{\boldsymbol{v}}$ である．よって
$$\boldsymbol{v}^T A \overline{\boldsymbol{v}} = \lambda \boldsymbol{v}^T \overline{\boldsymbol{v}} \tag{5.3}$$
が得られる．

(5.2) と (5.3) を比べると $\lambda = \overline{\lambda}$ となるので，λ は実数となる．固有値 λ が実数であることから $A - \lambda I$ も実対称行列であり，$\det(A - \lambda I) = 0$ より $(A - \lambda I)\boldsymbol{v} = \boldsymbol{0}$, $\boldsymbol{v} \neq \boldsymbol{0}$ を満たす実ベクトル $\boldsymbol{v}$ が存在する．この $\boldsymbol{v}$ が λ に対応する固有ベクトルである．よって，定理の前半が示された．

次に，固有ベクトルの直交性を示そう．λ と $\tilde{\lambda}$ を異なる固有値とし，$\boldsymbol{v}$ と $\tilde{\boldsymbol{v}}$ を対応する（実）固有ベクトルとする．すなわち
$$A\boldsymbol{v} = \lambda \boldsymbol{v}, \qquad A\tilde{\boldsymbol{v}} = \tilde{\lambda}\tilde{\boldsymbol{v}}$$

とする．すると A の対称性から

$$(\tilde{\boldsymbol{v}}, A\boldsymbol{v}) = \tilde{\boldsymbol{v}}^T A \boldsymbol{v} = \boldsymbol{v}^T A \tilde{\boldsymbol{v}} = (\boldsymbol{v}, A\tilde{\boldsymbol{v}})$$

が成り立ち，また，固有方程式の定義と，内積の対称律より，

$$(\tilde{\boldsymbol{v}}, A\boldsymbol{v}) = (\tilde{\boldsymbol{v}}, \lambda \boldsymbol{v}) = \lambda(\tilde{\boldsymbol{v}}, \boldsymbol{v}) = \lambda(\boldsymbol{v}, \tilde{\boldsymbol{v}}),$$

$$(\boldsymbol{v}, A\tilde{\boldsymbol{v}}) = (\boldsymbol{v}, \tilde{\lambda}\tilde{\boldsymbol{v}}) = \tilde{\lambda}(\boldsymbol{v}, \tilde{\boldsymbol{v}})$$

である．

よって，

$$\lambda(\tilde{\boldsymbol{v}}, \boldsymbol{v}) = \tilde{\lambda}(\boldsymbol{v}, \tilde{\boldsymbol{v}})$$

を得る．ここで $\lambda \neq \tilde{\lambda}$ であるから $(\boldsymbol{v}, \tilde{\boldsymbol{v}}) = 0$ となり，$\boldsymbol{v}$ と $\tilde{\boldsymbol{v}}$ は直交することが示された． □

A を n 次の実対称行列とし，簡単のため，固有値 $\lambda_1, \lambda_2, \cdots, \lambda_n$ はすべて異なるとしよう．対応する固有ベクトルを $\boldsymbol{v}_1, \boldsymbol{v}_2, \cdots, \boldsymbol{v}_n$ とし，$\|\boldsymbol{v}_i\| = 1$ ($i = 1, 2, \cdots, n$) となるように規格化しておく．すると，定理 5.1 より固有ベクトルは

$$(\boldsymbol{v}_i, \boldsymbol{v}_j) = \begin{cases} 1 & (i = j) \\ 0 & (i \neq j) \end{cases}$$

を満たしている．このとき，実行列 U を

$$U = (\boldsymbol{v}_1 \ \boldsymbol{v}_2 \ \cdots \ \boldsymbol{v}_n)$$

で定義すると，U は $U^T U = I_n$ を満たしている．ただし，I_n は n 次の単位行列を表す．一般に，$U^T U = I_n$ を満たす実行列 U を**直交行列**という．

固有ベクトルは $A\boldsymbol{v}_i = \lambda_i \boldsymbol{v}_i$ ($i = 1, 2, \cdots, n$) を満たすから，

$$A(\boldsymbol{v}_1 \ \boldsymbol{v}_2 \ \cdots \ \boldsymbol{v}_n) = \begin{pmatrix} \lambda_1 & 0 & \cdots & 0 \\ 0 & \lambda_2 & \cdots & 0 \\ \vdots & \vdots & \ddots & \vdots \\ 0 & 0 & \cdots & \lambda_n \end{pmatrix} (\boldsymbol{v}_1 \ \boldsymbol{v}_2 \ \cdots \ \boldsymbol{v}_n)$$

が成り立ち，さらに $U^{-1} = U^T$ を用いると

$$U^T A U = \begin{pmatrix} \lambda_1 & 0 & \cdots & 0 \\ 0 & \lambda_2 & \cdots & 0 \\ \vdots & \vdots & \ddots & \vdots \\ 0 & 0 & \cdots & \lambda_n \end{pmatrix} \tag{5.4}$$

が得られる．この右辺は A の固有値 $\lambda_1, \cdots, \lambda_n$ を対角成分とする対角行列である．したがって，U による相似変換によって，行列 A が対角行列 $U^T A U$ へと変換されたことになり，この操作を行列の**対角化**という．

以上の説明は固有値がすべて異なる場合であったが，固有値が重複するような場合を含め，任意の実対称行列は直交行列を変換行列とする相似変換で対角化できることが知られている．逆に，対角化された行列の対角成分は A の固有値であり，変換行列の第 i 列は固有値 λ_i に対応する固有ベクトルとなる．

5.2 実対称行列の固有値問題

5.2.1 回転行列による変換

前節で述べたように，実対称行列に対する固有値問題にはいくつかの良い性質があり，実対称でない場合に比べて取り扱いが易しい．また，理工学では実対称行列は特に重要な意味をもっている．そこで5.2節では対象を実対称行列に絞り，固有値と固有ベクトルを計算するためのヤコビ法について説明する．ヤコビ法は (5.4) を満たすような直交行列 U を逐次近似法で計算しようという方法であり，その原理は以下で説明する数学的な結果に基づいている．

まず，簡単のため，2次の実対称行列

$$A = \begin{pmatrix} a & b \\ b & c \end{pmatrix} \quad (a, b, c, d \in \mathbf{R})$$

を考えよう．$\theta \in \mathbf{R}$ をパラメータとし，行列 P を

$$P = \begin{pmatrix} \cos\theta & \sin\theta \\ -\sin\theta & \cos\theta \end{pmatrix}$$

で定める．すると

5.2 実対称行列の固有値問題

$$P^T P = \begin{pmatrix} \cos\theta & -\sin\theta \\ \sin\theta & \cos\theta \end{pmatrix} \begin{pmatrix} \cos\theta & \sin\theta \\ -\sin\theta & \cos\theta \end{pmatrix}$$

$$= \begin{pmatrix} \cos^2\theta + (-\sin\theta)^2 & \cos\theta\sin\theta - \sin\theta\cos\theta \\ \sin\theta\cos\theta - \cos\theta\sin\theta & \sin^2\theta + \cos^2\theta \end{pmatrix}$$

$$= \begin{pmatrix} 1 & 0 \\ 0 & 1 \end{pmatrix}$$

を満たすので，Pは直交行列である．Pの転置行列

$$P^T = P^{-1} = \begin{pmatrix} \cos\theta & -\sin\theta \\ \sin\theta & \cos\theta \end{pmatrix}$$

は**回転行列**と呼ばれ，平面上において原点を中心にして点を角度θだけ回転させたとき，元の点$\boldsymbol{x} = (x_1, x_2)^T$と回転によって写った点$\boldsymbol{y} = (y_1, y_2)^T$との関係は変換$\boldsymbol{y} = P^T \boldsymbol{x}$で表される．一方，変換$\boldsymbol{y} = P\boldsymbol{x}$は点$\boldsymbol{x}$を角度$-\theta$だけ回転させたことに対応するが，これを言い換えると，座標系をθだけ回転させたとき，もとの座標系における座標$\boldsymbol{x}$と回転させた座標系における座標$\boldsymbol{y}$が，変換$\boldsymbol{y} = P\boldsymbol{x}$で表されることになる．そこで，行列$P$を**座標回転行列**と呼ぶことにする．また，$P^T A P$は，行列$A$によるベクトルの変換を，角度$\theta$だけ回転させた座標系で表現したものである．

いま，Aの固有値$\lambda_i (i=1,2)$に対応する固有ベクトルを$\boldsymbol{v}_i$とし，$\boldsymbol{v}_i = P\boldsymbol{w}_i$とおけば，$P^T = P^{-1}$を用いて，

$$P^T A P \boldsymbol{w}_i = P^T A \boldsymbol{v}_i = P^{-1}(\lambda_i \boldsymbol{v}_i) = \lambda_i \boldsymbol{w}_i$$

となる．これより，Aと$P^T A P$の固有値は一致することがわかる．実際に$P^T A P$を計算してみると，

$P^T A P$

$= \begin{pmatrix} \cos\theta & -\sin\theta \\ \sin\theta & \cos\theta \end{pmatrix} \begin{pmatrix} a & b \\ b & c \end{pmatrix} \begin{pmatrix} \cos\theta & \sin\theta \\ -\sin\theta & \cos\theta \end{pmatrix}$

$= \begin{pmatrix} a\cos^2\theta - 2b\sin\theta\cos\theta + c\sin^2\theta & b(\cos^2\theta - \sin^2\theta) + (a-c)\sin\theta\cos\theta \\ b(\cos^2\theta - \sin^2\theta) + (a-c)\sin\theta\cos\theta & c\cos^2\theta + 2b\sin\theta\cos\theta + a\sin^2\theta \end{pmatrix}$

となる．

定理5.1より実対称行列の固有ベクトルは互いに直交するから，回転角θ

をうまく選び，固有ベクトルの方向が回転した座標系における単位ベクトル $(1,0)^T$ と $(0,1)^T$ に対応するようにすれば，$P^T A P$ は対角行列となる．そのためには，非対角成分が

$$b(\cos^2\theta - \sin^2\theta) + (a-c)\sin\theta\cos\theta = b\cos 2\theta + \frac{a-c}{2}\sin 2\theta = 0$$

を満たすように，すなわち，$\theta \in (-\pi/4, \pi/4]$ を

$$\tan 2\theta = -\frac{b}{a-c} \quad \left(\text{ただし，} a = c \text{ のときは} \theta = \frac{\pi}{4}\right)$$

を満たすように選べばよい．すると，非対角成分は消去されて，対角行列 $P^T A P$

$$= \begin{pmatrix} a\cos^2\theta - 2b\sin\theta\cos\theta + c\sin^2\theta & 0 \\ 0 & c\cos^2\theta + 2b\sin\theta\cos\theta + a\sin^2\theta \end{pmatrix}$$

が得られる．A と $P^T A P$ の固有値は一致するから，$P^T A P$ の対角成分が求める固有値となる．

次に，$n \geq 3$ とし，n 次実対称行列について考えてみよう．変換行列 $R = R(p, q\,; \theta)$ を

$$R = \begin{pmatrix} 1 & & & & & & & & \\ & \ddots & & & & & & & \\ & & 1 & & & & & & \\ & & & \cos\theta & & \sin\theta & & & \\ & & & & 1 & & & & \\ & & & & & \ddots & & & \\ & & & & & & 1 & & \\ & & & -\sin\theta & & \cos\theta & & & \\ & & & & & & & 1 & \\ & & & & & & & & \ddots \\ & & & & & & & & & 1 \end{pmatrix} \begin{matrix} \\ \\ \\ \leftarrow \text{第 } p \text{ 行} \\ \\ \\ \\ \leftarrow \text{第 } q \text{ 行} \\ \\ \\ \end{matrix}$$

$$\quad\quad\quad\quad\quad\quad\quad \underset{\text{第 } p \text{ 列}}{\uparrow} \quad \underset{\text{第 } q \text{ 列}}{\uparrow}$$

で定義する．ただし，θ はパラメータであり，(p, p) 成分と (q, q) 成分が $\cos\theta$，(p, q) 成分が $\sin\theta$，(q, p) 成分が $-\sin\theta$，その他の対角成分は 1 で非対角成

分は 0 とする．これは，n 次元空間において，p 番目の軸と q 番目の軸が張る平面に対して角度 θ の座標の回転を施したことに対応する[1]．すると，少なくとも回転された平面に限れば対角化され，他は本質的に変化しない．この結果，座標軸の回転によって行列は対角行列に近づく．

これを行列の言葉で表現すると次の定理となる．

定理 5.2 $A = (a_{ij})$, $B = (b_{ij}) = R^T A R$ を n 次正方行列とする．
（ⅰ）任意の (p, q) と θ に対し，
$$\sum_{i,j=1}^{n} b_{ij}^2 = \sum_{i,j=1}^{n} a_{ij}^2$$
が成り立つ．
（ⅱ）$\theta \in (-\pi/4, \pi/4]$ を
$$\tan 2\theta = \frac{-2a_{pq}}{a_{pp} - a_{qq}} \quad \left(\text{ただし，} a_{pp} = a_{qq} \text{ のときは } \theta = \frac{\pi}{4}\right) \quad (5.5)$$
と選べば，
$$\sum_{i=1}^{n} b_{ii}^2 = \sum_{i=1}^{n} a_{ii}^2 + 2a_{pq}^2$$
が成り立つ．

【証明】 $B = R^T A R$ という変換によって修正されるのは p 行，q 行，p 列，q 列の成分のみで，2 次の正方行列の場合と同様の計算により，
$$b_{pp} = a_{pp} \cos^2\theta - 2a_{pq} \sin\theta \cos\theta + a_{qq} \sin^2\theta$$
$$b_{pq} = b_{qp} = a_{pq}(\cos^2\theta - \sin^2\theta) + (a_{pp} - a_{qq})\sin\theta \cos\theta$$
$$b_{qq} = a_{pp} \sin^2\theta + 2a_{pq} \sin\theta \cos\theta + a_{qq} \cos^2\theta$$
$$b_{pj} = b_{jp} = a_{pj} \cos\theta - a_{qj} \sin\theta \quad (j \neq p, q)$$
$$b_{qj} = b_{jq} = a_{pj} \sin\theta + a_{qj} \cos\theta \quad (j \neq p, q)$$
を満たし，他の成分は変わらない．これより，やや面倒な計算の後，

---

[1] 高次元空間が直観的に理解できない読者は，3 次元の xyz 空間において，z 軸の周りで xy 平面を回転することを想像すればよい．

$$b_{pp}^2 + b_{pq}^2 + b_{qp}^2 + b_{qq}^2 = a_{pp}^2 + a_{pq}^2 + a_{qp}^2 + a_{qq}^2 \qquad (5.6)$$

および
$$b_{pj}^2 + b_{qj}^2 = a_{pj}^2 + a_{qj}^2 \qquad (j \neq p, q)$$

を得る．したがって，（ⅰ）が成り立つ．

また，(5.5) のときには，
$$b_{pq} = b_{qp} = 0$$

である．これと (5.6) より，
$$b_{pp}^2 + b_{qq}^2 = a_{pp}^2 + a_{pq}^2 + a_{qp}^2 + a_{qq}^2$$

である．よって，（ⅱ）が成り立つ． □

5.2.2 ヤコビ法

定理 5.2（ⅰ）より，変換行列 $R(p,q;\theta)$ による相似変換によっては，成分の 2 乗和は変化しない．一方，定理 5.2（ⅱ）より，θ を (5.5) のように選べば，非対角成分の 2 乗和は小さくなる．したがって，A よりも $B = R^T A R$ の方が対角行列に近くなり，修正された行列 B もまた実対称行列である．そこで，(p,q) をいろいろ変えて行列 $R(p,q;\theta)$ を繰り返し A に作用させることにより，A を徐々に対角行列に近づけることができる．このようにして，固有値と固有ベクトルを逐次近似によって求める方法を**ヤコビ法**という．

ヤコビ法による実対称行列の固有値と固有ベクトルの計算

Step 1： $A_0 = A$ とする．

Step 2： $A_k (k = 0, 1, 2, \cdots)$ の非対角成分のうち，絶対値が最大の成分 a_{pq} を選ぶ．(p,q) 成分に対する回転行列を R_k とし，$A_{k+1} = R_k{}^T A_k R_k$ とおき，これを繰り返す．

Step 3： A_{k+1} の非対角成分の絶対値の最大値が十分小さくなったら反復を打ち切り，A_{k+1} の対角成分を固有値の近似値とし，
$$U_k = R_0 R_1 R_2 \cdots R_k$$
の各列を固有ベクトルの近似ベクトルとする．

5.2 実対称行列の固有値問題

例題

ヤコビ法を用いて次の行列を対角化し，固有値と固有ベクトルを求めよ．

$$A = \begin{pmatrix} 2 & 1 & 4 \\ 1 & 5 & -2 \\ 4 & -2 & -2 \end{pmatrix}$$

【解】 まず，$A_0 = A$ とする．A_0 の非対角成分のうち，絶対値が最大の成分は $(1,3)$ あるいは $(3,1)$ 成分であるから，行列 R_0 を

$$R_0 = \begin{pmatrix} \cos\theta_0 & 0 & \sin\theta_0 \\ 0 & 1 & 0 \\ -\sin\theta_0 & 0 & \cos\theta_0 \end{pmatrix}$$

とする．ここで

$$\theta_0 = \frac{1}{2}\arctan\frac{-2a_{13}}{a_{11}-a_{33}} = \frac{1}{2}\arctan(-2)$$

と選ぶと，

$$A_1 = R_0^T A_0 R_0 \simeq \begin{pmatrix} 4.472136 & -0.200811 & 0.000000 \\ -0.200811 & 5.000000 & -2.227033 \\ 0.000000 & -2.227033 & -4.472136 \end{pmatrix}$$

と計算される．A_1 の非対角成分のうち，絶対値が最大の成分は $(2,3)$ あるいは $(3,2)$ 成分なので

$$R_1 = \begin{pmatrix} 1 & 0 & 0 \\ 0 & \cos\theta_1 & \sin\theta_1 \\ 0 & -\sin\theta_1 & \cos\theta_1 \end{pmatrix}$$

とする．ここで

$$\theta_1 = \frac{1}{2}\arctan\frac{-2a_{23}}{a_{22}-a_{33}}$$

と選び，$A_2 = R_1^T A_1 R_1$ を計算する．

同様の手順を繰り返すと

$$A_{10} \simeq \begin{pmatrix} 4.436151 & 0.000000 & 0.000000 \\ 0.000000 & 5.533668 & 0.000000 \\ 0.000000 & 0.000000 & -4.969818 \end{pmatrix}$$

および

$$U_{10} = R_0 R_1 R_2 \cdots R_{10} \simeq \begin{pmatrix} 0.859661 & -0.042144 & -0.509124 \\ 0.176219 & 0.959887 & 0.218091 \\ 0.479511 & -0.277202 & 0.832603 \end{pmatrix}$$

が得られる．

よって，行列 A の固有値は A_{10} より

$$\lambda_1 \simeq 4.436151, \quad \lambda_2 \simeq 5.533668, \quad \lambda_3 \simeq -4.969818$$

と計算され，対応する固有ベクトルは U_{10} より

$$\boldsymbol{v}_1 \simeq \begin{pmatrix} 0.859661 \\ 0.176219 \\ 0.479511 \end{pmatrix}, \quad \boldsymbol{v}_2 \simeq \begin{pmatrix} -0.042144 \\ 0.959887 \\ -0.277202 \end{pmatrix}, \quad \boldsymbol{v}_3 \simeq \begin{pmatrix} -0.509124 \\ 0.218091 \\ 0.832603 \end{pmatrix}$$

と計算される． □

5.3　一般の行列の固有値問題

　この節では，必ずしも実対称ではない行列の固有値問題を数値解析的に解く方法について解説しよう．一般の行列に関する固有値問題では，すべての固有値を求めるというよりは，特別な固有値，例えば絶対値最大の固有値，絶対値最小の固有値，ある値に最も近い固有値などを求めることを目的とするのが普通である．この節では，一般の行列に対するこのような特別な固有値の計算方法について述べる．

5.3.1　支配的固有値とべき乗法

　A を n 次正方行列とし，（説明を簡単にするために）行列 A は n 個の実固有値 $\lambda_1, \lambda_2, \cdots, \lambda_n$ をもち，これらは

$$|\lambda_1| > |\lambda_2| \geq |\lambda_3| \geq \cdots \geq |\lambda_n| \tag{5.7}$$

を満たしていると仮定する．また，各固有値に対応する固有ベクトル $\boldsymbol{v}_1, \boldsymbol{v}_2, \cdots, \boldsymbol{v}_n \in \mathbf{R}^n$ は 1 次独立であると仮定する．このとき，$\mathbf{R}^n$ の基底として固有ベクトルの組 $(\boldsymbol{v}_1, \boldsymbol{v}_2, \cdots, \boldsymbol{v}_n)$ をとることができる．

　絶対値が最大の固有値 λ_1 のことを行列 A の**支配的固有値**といい，これに

5.3 一般の行列の固有値問題

対応する固有ベクトル $\boldsymbol{v}_1$ を**支配的固有ベクトル**という．以下では，支配的固有値と支配的固有ベクトルを計算する方法について述べる．

$\boldsymbol{x}^{(0)}$ を $\mathbf{R}^n$ 内の $\boldsymbol{0}$ でないベクトルとし，固有ベクトルを用いて

$$\boldsymbol{x}^{(0)} = \alpha_1 \boldsymbol{v}_1 + \alpha_2 \boldsymbol{v}_2 + \cdots + \alpha_n \boldsymbol{v}_n$$

と表されるとする．これに対し，ベクトル列 $\{\boldsymbol{x}^{(k)}\}$ を

$$\boldsymbol{x}^{(k+1)} = A\boldsymbol{x}^{(k)} \quad (k = 0, 1, 2, \cdots) \tag{5.8}$$

により構成する．$A\boldsymbol{v}_i = \lambda_i \boldsymbol{v}_i$ を用いて直接計算すると

$$\begin{aligned}
\boldsymbol{x}^{(1)} = A\boldsymbol{x}^{(0)} &= A(\alpha_1 \boldsymbol{v}_1 + \alpha_2 \boldsymbol{v}_2 + \cdots + \alpha_n \boldsymbol{v}_n) \\
&= \alpha_1 (A\boldsymbol{v}_1) + \alpha_2 (A\boldsymbol{v}_2) + \cdots + \alpha_n (A\boldsymbol{v}_n) \\
&= \alpha_1 \lambda_1 \boldsymbol{v}_1 + \alpha_2 \lambda_2 \boldsymbol{v}_2 + \cdots + \alpha_n \lambda_n \boldsymbol{v}_n
\end{aligned}$$

が得られる．また，これより

$$\begin{aligned}
\boldsymbol{x}^{(2)} = A\boldsymbol{x}^{(1)} &= A(\alpha_1 \lambda_1 \boldsymbol{v}_1 + \alpha_2 \lambda_2 \boldsymbol{v}_2 + \cdots + \alpha_n \lambda_n \boldsymbol{v}_n) \\
&= \alpha_1 \lambda_1 (A\boldsymbol{v}_1) + \alpha_2 \lambda_2 (A\boldsymbol{v}_2) + \cdots + \alpha_n \lambda_n (A\boldsymbol{v}_n) \\
&= \alpha_1 \lambda_1^2 \boldsymbol{v}_1 + \alpha_2 \lambda_2^2 \boldsymbol{v}_2 + \cdots + \alpha_n \lambda_n^2 \boldsymbol{v}_n
\end{aligned}$$

が得られる．

同様の計算を繰り返すと，一般に

$$\boldsymbol{x}^{(k)} = \alpha_1 \lambda_1^k \boldsymbol{v}_1 + \alpha_2 \lambda_2^k \boldsymbol{v}_2 + \cdots + \alpha_n \lambda_n^k \boldsymbol{v}_n$$

が成り立つことがわかる．これを

$$\left(\frac{1}{\lambda_1}\right)^k \boldsymbol{x}^{(k)} = \alpha_1 \boldsymbol{v}_1 + \alpha_2 \left(\frac{\lambda_2}{\lambda_1}\right)^k \boldsymbol{v}_2 + \cdots + \alpha_n \left(\frac{\lambda_n}{\lambda_1}\right)^k \boldsymbol{v}_n \tag{5.9}$$

と書き直すと，固有値に対する仮定 (5.7) より，

$$\left|\frac{\lambda_i}{\lambda_1}\right| < 1 \quad (i = 2, 3, \cdots, n)$$

であるから，$k \to \infty$ のとき

$$\left(\frac{\lambda_i}{\lambda_1}\right)^k \to 0 \quad (i = 2, 3, \cdots, n)$$

が成り立つ．

したがって，

$$\lim_{k\to\infty}\left(\frac{1}{\lambda_1}\right)^k \bm{x}^{(k)} = \alpha_1 \bm{v}_1 \tag{5.10}$$

が得られる．これは，$\alpha_1 \neq 0$ であれば，$\bm{x}^{(k)}$ の方向は固有ベクトル $\bm{v}_1$ の方向に近づくとともに，

$$\lim_{k\to\infty}\frac{\|\bm{x}^{(k+1)}\|}{\|\bm{x}^{(k)}\|} = |\lambda_1| \tag{5.11}$$

を満たすことを示している．実際，$\bm{x}^{(k)}$ と $\bm{x}^{(k+1)} = A\bm{x}^{(k)}$ の各成分の比が支配的固有値の近似値を与える．

以上の説明では行列 A が n 個の実固有値を持つと仮定していたが，そうでない場合であっても，もし (5.7) が満たされていれば，λ_1 は単独固有値なので実数であり，また (5.8) によって生成されるベクトル列 $\{\bm{x}^{(k)}\}$ は (5.10) を満たす．したがって，ベクトル列 $\{\bm{x}^{(k)}\}$ から支配的固有値 λ_1 と支配的固有ベクトル $\bm{v}_1$ の逐次近似列が構成できたことになる．さらに，(5.9) より，この収束は 1 次収束であって，誤差は (5.9) から毎回 $|\lambda_2/\lambda_1|$ 倍程度の割合で小さくなっていくことがわかる．以上のような方法で，支配的固有値と支配的固有ベクトルを計算する方法を**べき乗法**という．

実際の計算においては，以下のことに注意する必要がある．まず，$|\lambda_1| > 1$ であれば，ベクトル列 $\{\bm{x}^{(k)}\}$ の大きさは $k \to \infty$ とすると無限大に発散し，逆に $|\lambda_1| < 1$ であれば 0 に収束する．そのため，k が大きくなるとオーバーフローあるいはアンダーフローの危険性がある．これを避けるためには，ベクトル $\bm{x}^{(k+1)}$ を計算した後に，これを

$$\frac{1}{\|\bm{x}^{(k+1)}\|}\bm{x}^{(k+1)}$$

で置き換えて，$\|\bm{x}^{(k)}\|$ が極端に大きくなったり小さくなったりしないようにする．毎回この規格化を行なえば，単位ベクトル（大きさ 1 のベクトル）の列が得られる．

もし，$\alpha_1 = 0$ となるベクトル $\bm{x}^{(0)}$ を選ぶと，ベクトル列 $\{\bm{x}^{(k)}\}$ は支配的固有ベクトルには収束しない．これは数学的には正しいが，実際にはこのよ

うなベクトルを選ぶ可能性は低く，たとえそのように選んだとしても，数値誤差が拡大することにより，いずれは支配的固有ベクトルに収束することが期待される．異なる初期値に対する結果と比較すれば，より確実に支配的固有値に収束していることがわかる．

べき乗法による計算

Step 1： $\mathbf{0}$ でないベクトル $\boldsymbol{x}^{(0)} \in \mathbf{R}^n$ を適当に選ぶ．

Step 2： 各 $k = 0, 1, 2, \cdots$ に対し，
$$\boldsymbol{x}^{(k+1)} = A\boldsymbol{x}^{(k)}$$
を計算する．$\|\boldsymbol{x}^{(k+1)}\|$ が大きすぎるか，もしくは小さすぎるときには，$\boldsymbol{x}^{(k+1)}$ を $\dfrac{1}{\|\boldsymbol{x}^{(k+1)}\|}\boldsymbol{x}^{(k+1)}$ で置き換える．

Step 3： 収束が進んだら，支配的固有値の近似値として $\boldsymbol{x}^{(k)}$ と $\boldsymbol{x}^{(k+1)} = A\boldsymbol{x}^{(k)}$ の成分の比をとり，対応する固有ベクトルの近似ベクトルとして $\boldsymbol{x}^{(k)}$ をとる．

5.3.2 絶対値が最小の固有値と逆べき乗法

ある種の問題では，絶対値が最小の固有値の情報が必要なことがある．ここでは絶対値が最小の固有値を求める方法について説明しよう．

A は正則な n 次正方行列で，また n 個の固有値 $\lambda_1, \lambda_2, \cdots, \lambda_n$ をもち，これらは
$$0 < |\lambda_1| < |\lambda_2| \leq |\lambda_3| \leq \cdots \leq |\lambda_n| \tag{5.12}$$
を満たしていると仮定する．なお，A が正則であれば，0 は A の固有値ではない．λ_i に対応する固有ベクトルを $\boldsymbol{v}_i$ で表せば，定義より $A\boldsymbol{v}_i = \lambda_i \boldsymbol{v}_i$ であり，A は正則であるから逆行列 A^{-1} が存在する．これより，
$$A^{-1}\boldsymbol{v}_i = \frac{1}{\lambda_i}\boldsymbol{v}_i \quad (i = 1, 2, \cdots, n)$$
を得る．したがって，A^{-1} は固有値 $1/\lambda_i$ $(i = 1, 2, \cdots, n)$ と対応する固有

ベクトル v_i をもつことがわかる.

さらに，(5.12) より，

$$\frac{1}{|\lambda_1|} > \frac{1}{|\lambda_2|} \geq \frac{1}{|\lambda_3|} \geq \cdots \geq \frac{1}{|\lambda_n|}$$

が成り立つ．そこで，先に述べた支配的固有値と支配的固有ベクトルを計算する手法を用いると，$1/\lambda_1$ と v_1 が計算できる．このようにして絶対値が最小の固有値と対応する固有ベクトルを計算する方法を**逆べき乗法**という．

逆べき乗法をさらに発展させると，与えられた値に最も近い固有値と固有ベクトルを計算することができる．A を n 次正方行列とし，q を任意に与えられた（複素）数とすると，A の固有値 λ_i と対応する固有ベクトル v_i は

$$(A - qI)v_i = (\lambda_i - q)v_i \quad (i = 1, 2, \cdots, n)$$

を満たす．そこで逆べき乗法を用いると，$|\lambda_i - q|$ が最も小さくなるような固有値 λ_i とそれに対応する固有ベクトルを計算できることになる．この方法は，例えば固有値の近似値がわかっているときに，この固有値の精度を高める際に使うことができる．

第6章

定積分

　微分と異なり，たとえ簡単な関数であっても，不定積分を既知の関数で表現できるとは限らず，またたとえ不定積分が求まったとしても，定積分の値を計算するのは容易ではないことが多い．この章では，与えられた関数に対し，定積分の値を近似的に計算するための方法について述べる．定積分の値を数値的に求めるためには，積分区間内の有限個の分点における関数値を用いて被積分関数を適当な多項式で近似し，この多項式を積分する．この方法を用いると，積分の近似値は分点における関数値の重み付きの和として与えられるが，分点の選び方と重みによって各種の積分公式がある．この章では，各種の積分公式について紹介するとともに，近似値に含まれる誤差についての解析も行なう．

6.1 積分公式と次数

6.1.1 数値積分の必要性

　関数の微分および積分が，数学的にも応用上も重要なことは説明の必要がないだろう．微分という操作は初等関数に限ればそれほど難しくはない．初等関数とは，有理関数，指数関数，三角関数，および，それらの逆と合成を有限回組み合わせて得られる関数のことを指すが，初等関数の導関数はまた初等関数であり，いくつかの公式を組み合わせれば機械的に実行することができる．

　これに対し，積分の計算は一般に容易ではないことが多い．区間 $[a,b]$ 上で連続な関数を $f(x)$ とし，その原始関数を $F(x)$ で表すと，$F(x)$ は区間 $[a,b]$ 上の微分可能な関数で，$F'(x) = f(x)$ を満たしている．積分区間 $[a,b]$ における $f(x)$ の定積分を

$$I[f] := \int_a^b f(x)\,dx$$

と表すことにすると，微分積分学の基本定理により，$f(x)$ と $F(x)$ は

$$I[f] = F(b) - F(a)$$

という関係で結ばれている．したがって，原始関数が既知の関数で具体的に表せる場合，定積分の値を求めるためには $F(a)$ と $F(b)$ の値を計算すればよい．

　しかしながら，実際に原始関数を求めようとするといくつかの困難に出会う．まず第一に，たとえ $f(x)$ が簡単な関数であったとしても，その原始関数を既知の関数で表現できるとは限らない．実際，微分とは異なり，初等関数の原始関数は必ずしも初等関数ではない．

　例えば，関数

$$f(x) = \frac{1}{\sqrt{2\pi}} e^{-x^2/2}$$

を考えてみよう．これは確率論における正規分布（平均 0，分散 1）の密度

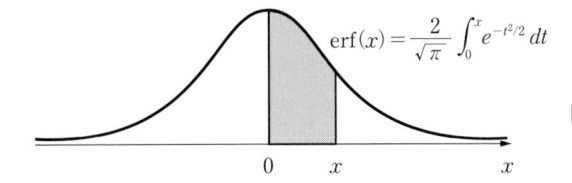

図 6.1 正規分布と誤差関数．灰色部分の面積が誤差関数を表す．

$$\mathrm{erf}(x) = \frac{2}{\sqrt{\pi}} \int_0^x e^{-t^2/2}\,dt$$

関数であり，理論上も応用上も極めて重要な初等関数の1つである（図6.1参照）．この関数の微分は容易に実行できて

$$f'(x) = -\frac{x}{\sqrt{2\pi}} e^{-x^2/2}$$

と計算できる．

一方，$f(x)$ の原始関数を初等的に求めることはできない．実は，

$$\mathrm{erf}\,(x) = \frac{2}{\sqrt{\pi}} \int_0^x e^{-t^2/2}\,dt$$

は**誤差関数**（error function）と呼ばれる関数で，超越関数（初等関数では表現できない関数）の1つである．

このように，原始関数を具体的に既知の関数で書き下せるのは特別な場合に限られている．また，たとえ原始関数を既知の関数で表すことが原理的に可能な場合であっても，この原始関数を具体的に計算することが面倒なときには，数値積分に頼らざるをえないこともある．さらには，被積分関数が数式としてではなく，最初から離散的な点に対するデータとして与えられている場合には，微分積分学の基本定理を用いて定積分の計算はできず，必然的に数値的に定積分の値を計算することになる．

6.1.2 積分公式とその次数

数値積分による定積分の計算とは，積分区間内の有限個の点 $x_0, x_1, x_2, \cdots, x_n$ における $f(x)$ を用いて，定積分の値を精度良く近似するように係数 $\alpha_0, \alpha_1, \alpha_2, \cdots, \alpha_n$ をうまく選び，

$$I_n[f] = \alpha_0 f(x_0) + \alpha_1 f(x_1) + \cdots + \alpha_n f(x_n) \tag{6.1}$$

の形で $I[f]$ の値を近似するというものである．このような点 $x_0, x_1, \cdots, x_n$ を**分点**といい，係数 $\alpha_0, \alpha_1, \cdots, \alpha_n$ を**重み**という．また (6.1) を**積分公式**という．

分点と重みの選び方によって各種の積分公式があるが，誤差

$$E_n[f] := I_n[f] - I[f]$$

ができるだけ小さい方が望ましいのはいうまでもない．ただし，数値積分においては有限個のデータ点のみを使って積分値を計算するため，データ点以外の関数値によっては誤差はいくらでも大きくなる可能性がある．そのため，積分公式に含まれる誤差を正しく評価するためには，被積分関数の導関数，あるいは，より高階の導関数についての情報が必要となる．

積分公式の善し悪しを判定する1つの基準として，公式の次数と呼ばれるものがある．積分公式が少なくとも定数関数に対して正しい積分値を与えるためには，（例えば，$f(x) = 1$ と選べばすぐにわかるように）重みは

$$\sum_{i=0}^{n} \alpha_i = b - a$$

を満たしていなければならない．この制限のもとで，さらに分点と重みをうまく調整すると，$f(x)$ がより高次の多項式であっても正しい積分値を与えるようにできる．

積分公式が

$$I_n[x^k] = I[x^k] \qquad (k = 0, 1, 2, \cdots, m)$$

を満たすとき，この**公式の次数**は（少なくとも）m 次であるという．これから容易に，公式の次数が m であれば，m 次以下の任意の多項式に対して正しい積分値を与えることが示される．実際，f, g を2つの被積分関数とすると，任意の定数 c, d に対し，

$$I[cf + dg] = cI[f] + cI[g]$$

および

$$I_n[cf + dg] = cI_n[f] + dI_n[g]$$

が成り立つ[1]．

---

[1] これは積分 $I[f]$ およびその近似公式 $I_n[f]$ が線形作用素であることを示している．

これを繰り返し用いることにより，

$$I_n\left[\sum_{i=0}^{m} a_i x^i\right] = \sum_{i=0}^{m} a_i I_n[x^i] = \sum_{i=0}^{m} a_i I[x^i] = I\left[\sum_{i=0}^{m} a_n x^i\right]$$

が得られ，m 次多項式に対して正しい積分値を与えていることがわかる．

　分点を多くとれば，原理的にはいくらでも次数の高い積分公式が得られるが，次数が高くなるにつれて重みの取り方が複雑になっていく．一方，分点の数が少ないと粗すぎて精度が悪い．そこで近似の精度を高めるために，区間をいくつかの小区間に分割し，各小区間に積分公式を適用して和をとることを考える．このようにして得られる積分公式を**複合積分公式**という．複合積分公式を用いることにより，各小区間において次数の低い公式を用いたとしても，十分多くの小区間に分割すれば，全体の積分の精度を高められる．

　プログラミングのしやすさから見れば，分点と重みは規則的な方がよい．例えば，分点は等間隔であり，重みは規則的に変化する実数値の方がプログラミングには好都合である．また計算量の面からは，分点の数は少ない方が良いし，分点と重みは単純な数の方が良い．精度と計算量，プログラミングのしやすさを考慮し，どれを優先するかによって，用いるべき積分公式は変わる．

6.2 補間多項式と積分公式

6.2.1 補間多項式

　積分公式を導くための基本的な考え方は，分点 $x_0, x_1, x_2, \cdots, x_n$ が与えられたとして，データ点 $(x_0, f(x_0)), (x_1, f(x_1)), \cdots, (x_n, f(x_n))$ を通る n 次多項式 $p_n(x)$ を考え，$f(x)$ を積分する代わりに $p_n(x)$ を積分することによって，$I[f]$ の近似値を計算しようというものである．

　一般に，データ点 $(x_0, y_0), (x_1, y_1), \cdots, (x_n, y_n)$ が与えられたとき，これらの点をすべて通る関数 $y = p_n(x)$ を定めることを**補間**という．特に，$p_n(x)$ として多項式を用いるときには，

$$p_n(x) = a_0 x^n + a_1 x^{n-1} + \cdots + a_n$$

とし，$n+1$ 個の係数 $a_1, a_2, \cdots, a_n$ を $n+1$ 個の条件

$$p_n(x_i) = y_i \qquad (i = 0, 1, \cdots, n) \tag{6.2}$$

によって定めればよい．多項式 $p_n(x)$ が (6.2) を満たすとき，$p_n(x)$ を**補間多項式**という．

次の定理 6.1 は補間多項式が必ず存在し，一意的であることを保証する．

定理 6.1（**補間多項式の存在と一意性**）　相異なる任意の $n+1$ 個の点 $\{x_i\}$ $(i = 0, 1, \cdots, n)$ に対し，条件 (6.2) を満たす n 次以下の多項式 $p_n(x)$ がただ 1 つ存在する．

【証明】　条件 (6.2) は

$$X\boldsymbol{a} = \boldsymbol{y} \tag{6.3}$$

と書き換えられる．ただし，

$$X = \begin{pmatrix} x_0{}^n & x_0{}^{n-1} & \cdots & 1 \\ x_1{}^n & x_1{}^{n-1} & \cdots & 1 \\ \vdots & \vdots & \ddots & \vdots \\ x_n{}^n & x_n{}^{n-1} & \cdots & 1 \end{pmatrix}, \quad \boldsymbol{a} = \begin{pmatrix} a_0 \\ a_1 \\ \vdots \\ a_n \end{pmatrix}, \quad \boldsymbol{y} = \begin{pmatrix} y_0 \\ y_1 \\ \vdots \\ y_n \end{pmatrix}$$

である．これは $n+1$ 元連立 1 次方程式にほかならない．ここで，係数行列 X は**ファン・デル・モンドの行列**と呼ばれ，よく知られているように，その行列式は

$$\det X = \prod_{0 \leq i < j \leq n} (x_j - x_i)$$

と計算できる．$\{x_i\}$ はすべて相異なるので，$\det X$ の値は 0 ではない．

したがって，係数行列 X は正則となる（第 4.1 節）から，連立方程式 (6.3) は一意的な解をもつ．これは補間多項式の存在と一意性を示している．□

一般に $p_n(x)$ は n 次の多項式となるが，データ点の配置によっては $n-1$ 次以下となることに注意しよう．

6.2.2 ラグランジュ補間

補間多項式 $p_n(x)$ は原理的には連立方程式 (6.3) を解けば求めることができるが，これは数値積分公式を導くためにはあまり効率の良いやり方とはいえない．以下では，より効率の良い補間公式として，データ点を使って $p_n(x)$ を具体的に表現するラグランジュの補間公式について述べる．

まず，関数 $L_i(x)$ を

$$L_i(x) := \prod_{j=0, j \neq i}^{n} \frac{x - x_j}{x_i - x_j} \quad (i = 0, 1, \cdots, n)$$

$$= \frac{(x - x_0) \cdots (x - x_{i-1})(x - x_{i+1}) \cdots (x - x_n)}{(x_i - x_0) \cdots (x_i - x_{i-1})(x_i - x_{i+1}) \cdots (x_i - x_n)}$$

で定義する．$L_i(x)$ は**ラグランジュの多項式**と呼ばれる n 次多項式で，

$$L_i(x_j) = \begin{cases} 0 & (i \neq j) \\ 1 & (i = j) \end{cases}$$

を満たすことは定義からすぐに確かめられる．

補間多項式をラグランジュの多項式を用いて表そう．

定理 6.2（ラグランジュの補間） データ点 $(x_0, y_0), (x_1, y_1), \cdots, (x_n, y_n)$ から定まる補間多項式 $p_n(x)$ は

$$p_n(x) = \sum_{i=0}^{n} y_i L_i(x) \tag{6.4}$$

と表せる．

【証明】 関数 $p_n(x)$ を (6.4) で定義すると，$p_n(x)$ は n 次以下の多項式であって，

$$p_n(x_j) = \sum_{i=0}^{n} y_i L_i(x_j) = y_j \quad (j = 0, 1, \cdots, n)$$

つまり，条件 (6.2) を満たす．定理 6.1 より補間多項式 $p_n(x)$ は一意に決まるから，補間多項式は (6.4) で与えられる． □

補間多項式を与える式 (6.4) を**ラグランジュの補間公式**という．ラグラン

ジュの補間公式は $y_i (i = 0, 1, \cdots, n)$ の1次結合の形になっており，数値積分の理論に良い見通しを与える．

例

ラグランジュの補間公式 (6.4) を用いて，データ点 $(1, 2)$, $(2, 1)$, $(4, 5)$, $(5, 4)$ を通る多項式を求めよう．

まず，ラグランジュの多項式 $L_j(x)$ を計算すると，

$$L_0(x) = \frac{(x-2)(x-4)(x-5)}{(1-2)(1-4)(1-5)} = -\frac{1}{12}(x-2)(x-4)(x-5)$$

$$L_1(x) = \frac{(x-1)(x-4)(x-5)}{(2-1)(2-4)(2-5)} = \frac{1}{6}(x-1)(x-4)(x-5)$$

$$L_2(x) = \frac{(x-1)(x-2)(x-5)}{(4-1)(4-2)(4-5)} = -\frac{1}{6}(x-1)(x-2)(x-5)$$

$$L_3(x) = \frac{(x-1)(x-2)(x-4)}{(5-1)(5-2)(5-4)} = \frac{1}{12}(x-1)(x-2)(x-4)$$

である．したがって，(6.4) より補間多項式は

$$\begin{aligned} p_3(x) &= \sum_{i=0}^{3} y_i L_i(x) \\ &= 2L_0(x) + L_1(x) + 5L_2(x) + 4L_3(x) \\ &= \frac{1}{6}\{-(x-2)(x-4)(x-5) + (x-1)(x-4)(x-5) \\ &\quad -5(x-1)(x-2)(x-5) + 2(x-1)(x-2)(x-4)\} \end{aligned}$$

と表される． □

関数 $f(x)$ が与えられているとき，データ点 $(x_0, f(x_0)), (x_1, f(x_1)), \cdots, (x_n, f(x_n))$ から定まる補間多項式 $p_n(x)$ は，ラグランジュの補間公式 (6.4) を用いて

$$p_n(x) = \sum_{i=0}^{n} f(x_i) L_i(x) \tag{6.5}$$

と表される．特に，$f(x)$ が n 次以下の多項式であれば，補間多項式の一意性（定理 6.1）より $f(x)$ と $p_n(x)$ は一致する．

(6.5) を区間 $[a, b]$ で積分すると

$$\int_a^b p_n(x)\,dx = \int_a^b \left\{\sum_{i=0}^n f(x_i) L_i(x)\right\} dx = \sum_{i=0}^n \left\{\int_a^b L_i(x)\,dx\right\} f(x_i)$$

が得られる．そこで，$I[f]$ の近似公式として

$$I_n[f] = \sum_{i=0}^n \alpha_i f(x_i), \quad \alpha_i = \int_a^b L_i(x)\,dx \quad (i=0,1,\cdots,n) \quad (6.6)$$

を選ぶと，$f(x)$ が n 次以下の多項式であれば正しい積分値が計算できることになる．したがって，積分公式 (6.6) の次数は少なくとも n 次である．

以上の議論から，分点が与えられているときには重み α_i を (6.6) のように定めればよいことがわかる．残るのは分点の選び方である．

分点を等間隔に選ぶ公式としては，**ニュートン-コーツ型積分公式** (6.3～6.5 節) と呼ばれる一連の公式がある．特に，数表などのように，関数値が等間隔の分点における数値データとして与えられている場合には，必然的にニュートン-コーツ型積分公式が使われることになる．また，関数 $f(x)$ が具体的な数式で与えられていて，任意の点における $f(x)$ の値が計算可能な場合には，必ずしも分点を等間隔にする必要はない．分点が等間隔であるという条件をはずして最適に選び，次数をできるだけ高くしようという方向の公式として**ガウス型積分公式** (6.6 節) がある．

6.3 中点公式

6.3.1 中点公式

まず，最も簡単な形のニュートン-コーツ型積分公式である**中点公式**について説明しよう．中点公式は分点が 1 個の公式であり，分点として積分区間 $[a,b]$ の中点を選んだものである．

中点公式

$$I_0[f] = (b-a)f(x_0), \quad x_0 = \frac{a+b}{2}$$

図 6.2 に中点公式の考え方を示す．

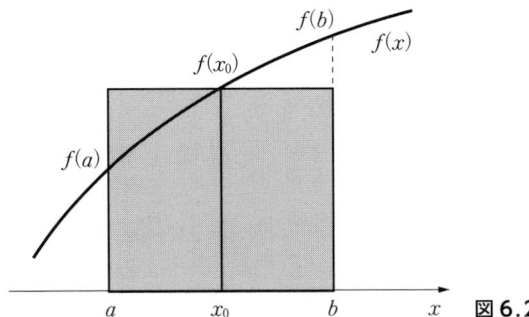

図 6.2 中点公式

これは，$f(x)$ の変動を無視して $f(x)$ を一定値 $f(x_0)$ で近似したものと考えることができる．この考え方に基づけば，分点 x_0 は区間 $[a, b]$ 上のどの点でもよいのであるが，後で説明するように，分点として中点を選ぶことによって誤差を小さく（正確には公式の次数を高く）できる．

なお，中点公式は積分区間の両端の値 $f(a)$ および $f(b)$ を用いていない．このように，両端を分点としない積分公式を**開型積分公式**と呼ぶ．

中点公式の次数は 1 である．すなわち，被積分関数が 1 次関数 $f(x) = cx + d$ のときには，簡単な計算から

$$I[f] = \int_a^b (cx + d)\,dx = \left[\frac{1}{2}cx^2 + dx\right]_a^b$$
$$= \frac{1}{2}c(b^2 - a^2) + d(b - a) = (b - a)\left(c\cdot\frac{a+b}{2} + d\right)$$
$$= (b - a)f(x_0) = I_0[f]$$

となり，正しい積分値を与えていることが確かめられる．

分点として中点以外の点を選ぶと，正確な積分値が得られるのは $f(x)$ が定数関数のときに限られ，積分公式の次数は 0 となる．中点を分点として選んだのは，公式の次数を高くできるという理由があったのである．

6.3.2 複合中点公式

次に，複合中点公式について述べよう．複合積分公式を導くには，$h = $

6.3 中点公式

$(b-a)/n$ として積分区間 $[a,b]$ を n 個の小区間

$$[a+ih, a+(i+1)h] \quad (i=0,1,\cdots,n-1)$$

に分割し,各小区間に中点公式を適用して足し合わせる.複合中点公式の場合,分点を

$$x_i = a + \left(i+\frac{1}{2}\right)h \quad (i=0,1,\cdots,n-1)$$

として,

$$I_C[f] = hf(x_0) + hf(x_1) + \cdots + hf(x_{n-1})$$
$$= h\{f(x_0) + f(x_1) + \cdots + f(x_{n-1})\}$$

とすればよい.これより,次の積分公式が得られる.

複合中点公式

$$I_C[f] = h(f_0 + f_1 + \cdots + f_{n-1}), \qquad h = \frac{b-a}{n}$$

$$x_i = a + \left(i+\frac{1}{2}\right)h, \qquad f_i = f(x_i) \quad (i=0,1,\cdots,n-1)$$

複合中点公式は積分区間の両端の値 $f(a)$ および $f(b)$ を用いていないので,開型公式の一種である.また,分点は各小区間の中点であるが,これは数値データを用いる場合には都合の良いことではない.

例えば,関数 $f(x)$ の値が数値データとして $x=0$ から $x=1$ まで 0.01 刻みで与えられているとしよう.区間 $[0,1]$ 上の定積分を複合中点公式で計

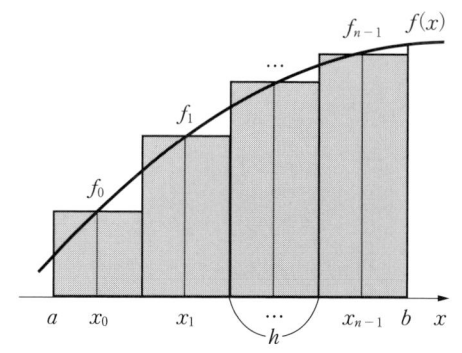

図 **6.3** 複合中点公式

算する場合,刻み幅を 0.02 にとり,分点を $0.01, 0.03, 0.05, \cdots, 0.97, 0.99$ とすることになる.しかし,これではデータが1つおきになり,データの一部を捨ててしまっていることになる.

例題 6.1

積分 $\int_0^1 e^{-x^2} dx$ の値を複合中点公式を用いて計算せよ.

【解】 積分区間 $[0, 1]$ を n 等分すると刻み幅 $h = 1/n$ となるので,
$$x_i = \left(i + \frac{1}{2}\right)h \quad (i = 0, 1, \cdots, n-1)$$
として $f_i = f(x_i) = e^{-x_i^2}$ の値を計算する.複合中点公式を用いると
$$I_C[f] = \frac{1}{n}(f_0 + f_1 + \cdots + f_{n-1})$$
が定積分の近似値となる.

例えば,$n = 10$ とすると $I_C[f] = 0.747131$ となり,$n = 100$ とすると $I_C[f] = 0.746827$ と計算される.なお,真の値は $I[f] = 0.746824\cdots$ である.   □

6.3.3 中点公式の誤差

中点公式を用いて得られた積分値に,どのくらいの誤差が含まれているか調べてみよう.以下では,被積分関数 $f(x)$ は必要なだけ微分可能であることを仮定する.

中点公式の分点を $x_0 = (a+b)/2$ とすると,誤差は
$$\begin{aligned} E_0[f] &:= I[f] - I_0[f] \\ &= \int_a^b f(x)\, dx - (b-a)f(x_0) \\ &= \int_a^b \{f(x) - f(x_0)\} dx \end{aligned}$$
である.ここで
$$g(x) = \frac{f(x) - f(x_0)}{x - x_0}$$

6.3 中点公式

とおくと，$f(x)$ が C^1 級であれば，$g(x)$ は $x = x_0$ も含めて連続とみなすことができ，

$$\frac{d}{dx}\left\{-\frac{1}{2}(x-a)(b-x)\right\} = x - \frac{a+b}{2} = x - x_0$$

であることを用いると，誤差は部分積分の公式を用いて

$$\begin{aligned}E_0[f] &= \int_a^b g(x)(x-x_0)\,dx \\ &= \left[-\frac{1}{2}g(x)(x-a)(b-x)\right]_a^b + \frac{1}{2}\int_a^b g'(x)(x-a)(b-x)\,dx \\ &= \frac{1}{2}\int_a^b g'(x)(x-a)(b-x)\,dx\end{aligned}$$

と計算できる．さらに $g'(x)$ が連続であると仮定し，

$$m = \min_{x\in[a,b]} g'(x), \qquad M = \max_{x\in[a,b]} g'(x)$$

とおくと，区間 $[a,b]$ において $(x-a)(b-x) > 0$ であるから，

$$m(x-a)(b-x) \leq g'(x)(x-a)(b-x) \leq M(x-a)(b-x)$$

が成り立つ．したがって，$g'(x)$ の連続性により，ある $\eta \in (a,b)$ に対し，

$$\int_a^b g'(x)(x-a)(b-x)\,dx = g'(\eta)\int_a^b (x-a)(b-x)\,dx$$

$$= \frac{1}{6}g'(\eta)(b-a)^3$$

が成り立つ．また，

$$g'(\eta) = \frac{f'(\eta)(\eta-x_0) - \{f(\eta)-f(x_0)\}}{(\eta-x_0)^2} \tag{6.7}$$

である．

一方，$f(x)$ が C^2 級であれば，テイラーの定理（2.5.2 項）により，x_0 と η の間にある ξ_0 を用いて

$$f(x_0) = f(\eta) + f'(\eta)(x_0-\eta) + \frac{1}{2}f''(\xi_0)(x_0-\eta)^2$$

と表せる．これを (6.7) に代入すると

$$g'(\eta) = \frac{1}{2}f''(\xi_0)$$

が得られる．以上より，もし$f(x)$がC^2級であれば，中点公式の誤差は

$$E_0[f] = \frac{1}{24}f''(\xi_0)(b-a)^3, \qquad \xi_0 \in (a,b) \qquad (6.8)$$

で与えられる．これは特に，$f(x)$が1次式であれば中点公式は正確な積分値を与えるが，$f(x)$が2次式であれば$f'(\xi_0) \neq 0$であることから，中点公式は正確な積分値を与えないことを表している．

次に，複合中点公式の誤差について調べてみよう．積分区間を$[a,b]$とし，これを刻み幅$h = (b-a)/n$でn個の小区間に分割する．(6.8)を用いて各区間における誤差を足し合わせると，複合中点公式の誤差は

$$E_C[f] := I_C[f] - I[f]$$
$$= \frac{1}{24}f''(\xi_0)h^3 + \frac{1}{24}f''(\xi_1)h^3 + \cdots + \frac{1}{24}f''(\xi_{n-1})h^3$$
$$= \frac{1}{24}h^3\{f''(\xi_0) + f''(\xi_1) + \cdots + f''(\xi_{n-1})\}$$
$$\xi_i \in (a+ih, a+(i+1)h)$$

である．ここで中間値の定理を用いれば，

$$\frac{f''(\xi_0) + f''(\xi_1) + \cdots + f''(\xi_{n-1})}{n} = f''(\xi)$$

となる$\xi \in (a,b)$の存在が示される．これと$b-a = nh$より，複合中点公式の誤差は

$$E_C[f] = \frac{1}{24}(b-a)f''(\xi)h^2, \qquad \xi \in (a,b)$$

で与えられる．

6.4 台形公式

6.4.1 台形公式

積分区間の両端が分点となっているニュートン-コーツ型公式は**閉型積分公式**と呼ばれる．閉型積分公式で最も簡単な場合は，区間$[a,b]$の端点$x =$

6.4 台形公式

a, b における f の値のみを用いて計算するものである．

いま，$f(x)$ に対して $(a, f(a))$ と $(b, f(b))$ を通る1次関数

$$p_1(x) = \frac{f(a)(b-x) + f(b)(x-a)}{b-a} \qquad (a \leq x \leq b)$$

を考え，その定積分を計算すると

$$I_1[f] := \int_a^b p_1(x)\,dx = \frac{b-a}{2}\{f(a) + f(b)\}$$

となる．これを $[a, b]$ における $f(x)$ の積分の近似値と考えると，次の**台形公式**が得られる．

台形公式

$$I_1[f] = \frac{b-a}{2}\{f(x_0) + f(x_1)\}, \qquad x_0 = a, \quad x_1 = b$$

図6.4のように，台形公式は積分の近似値として台形の面積を計算したことになるため，このような名前で呼ばれている．台形公式は被積分関数 $f(x)$ を1次関数で近似し，それを積分したもので $f(x)$ の積分値を近似したものであるから，$f(x)$ が1次関数のときには正しい積分値を与える．すぐにわかるように，2次関数に対しては正しい積分値を与えない．

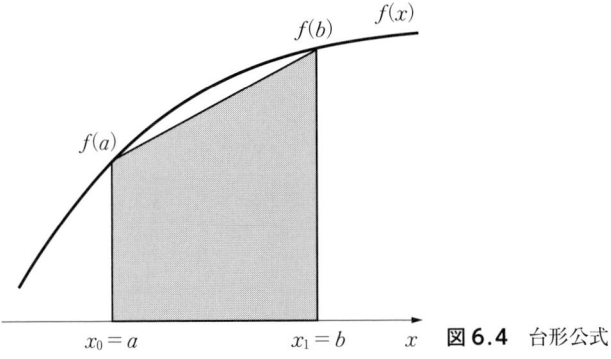

図6.4 台形公式

6.4.2 複合台形公式

次に,複合台形公式について述べる.積分区間を $[a,b]$ とし,これを刻み幅 $h = (b-a)/n$ で n 個の小区間に分割する.各小区間に台形公式を適用してそれを足し合わせると,分点を

$$x_i = a + ih \qquad (i = 0, 1, \cdots, n)$$

として,

$$I_T[f] := \frac{1}{2}h\{f(x_0) + f(x_1)\} + \frac{1}{2}h\{f(x_1) + f(x_2)\}$$

$$+ \cdots + \frac{1}{2}h\{f(x_{n-1}) + f(x_n)\}$$

$$= \frac{1}{2}h\{f(x_0) + 2f(x_1) + 2f(x_2) + \cdots + 2f(x_{n-1}) + f(x_n)\}$$

となる.これより,次の積分公式が得られる.

複合台形公式

$$I_T[f] = \frac{1}{2}h(f_0 + 2f_1 + 2f_2 + \cdots + 2f_{n-1} + f_n), \qquad h = \frac{b-a}{n}$$

$$x_i = a + ih, \qquad f_i = f(x_i) \qquad (i = 0, 1, \cdots, n)$$

複合台形公式は積分区間の両端が分点となり,閉型公式の一種である.閉型公式は関数 $f(x)$ の値が数値データとして与えられている場合には無駄の少ない公式となる.

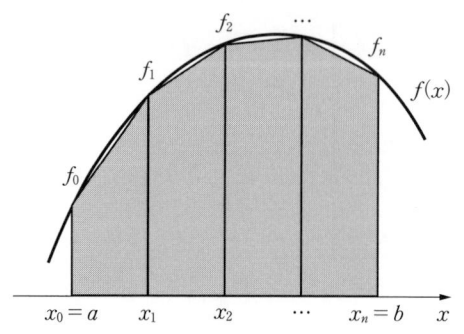

図 6.5 複合台形公式

例題 6.2

積分 $\int_0^1 e^{-x^2}\,dx$ の値を複合台形公式を用いて計算せよ.

【解】 積分区間 $[0,1]$ を n 等分すると,刻み幅 $h = 1/n$ となるので,
$$x_i = ih \quad (i = 0, 1, 2, \cdots, n)$$
として $f_i = f(x_i) = e^{-x_i^2}$ の値を計算する.複合台形公式を用いると
$$I_T[f] = \frac{1}{2n}(f_0 + 2f_1 + 2f_2 + \cdots + 2f_{n-1} + f_n)$$
が定積分の近似値となる.

例えば,$n = 10$ のとき $I_T[f] = 0.746211$ となり,$n = 100$ のとき $I_T[f] = 0.746818$ と計算される.なお,真の値は $I[f] = 0.746824\cdots$ である. □

6.4.3 台形公式の誤差

台形公式の誤差は
$$E_1[f] := I[f] - I_1[f] = \int_a^b \{f(x) - p_1(x)\}\,dx \qquad (6.9)$$
で与えられる.ただし,
$$p_1(x) := \frac{f(a)(b-x) + f(b)(x-a)}{b-a}$$
である.ここで
$$f(a) = p_1(a), \quad f(b) = p_1(b)$$
であるから,
$$g(x) = \frac{f(x) - p_1(x)}{(x-a)(b-x)}$$
は,$x = a$,$x = b$ も含めて連続な関数とみなせる.したがって,積分型の平均値の定理により,誤差 (6.9) はある $\eta \in (a, b)$ に対し,
$$E_1[f] = \int_a^b g(x)(x-a)(b-x)\,dx$$
$$= g(\eta) \int_a^b (x-a)(b-x)\,dx$$

$$= \frac{1}{6}g(\eta)(b-a)^3$$

を満たす.

一方，関数 $H(x)$ を

$$H(x) = f(x) - p_1(x) - g(\eta)(x-a)(b-x)$$

とおくと,

$$H(a) = f(a) - p_1(a) = 0, \quad H(b) = f(b) - p_1(b) = 0$$

であり，また，g の定義から

$$H(\eta) = f(\eta) - p_1(\eta) - g(\eta)(\eta-a)(b-\eta) = 0$$

が成り立つ．したがって，ロルの定理より，ある $\xi_a \in (a, \eta)$ および $\xi_b \in (\eta, b)$ が存在して $H'(\xi_a) = H'(\xi_b) = 0$ が成り立つ．さらにロルの定理を用いると，ある $\xi_0 \in (\xi_a, \xi_b)$ に対し，$H''(\xi_0) = 0$ が得られる．ここで $H''(x) = f''(x) + 2g(\eta)$ である.

以上をまとめると，もし $f(x)$ が C^2 級の関数であれば，台形公式の誤差は

$$E_1[f] = -\frac{1}{12}f''(\xi_0)(b-a)^3, \quad \xi_0 \in (a, b) \qquad (6.10)$$

で与えられることがわかる．これは特に，$f(x)$ が 1 次式であれば台形公式は正確な積分値を与えるが，$f(x)$ が 2 次式であれば $f'(\xi_0) \neq 0$ であることから，台形公式は正確な積分値を与えないことを表している.

中点公式の誤差 (6.8) と比較すると，台形公式の誤差 (6.10) は中点公式の誤差の約 2 倍で，符号は反対である．また，複合台形公式の誤差は，複合中点公式と同様の方法を用いて，

$$E_T[f] := I_T[f] - I[f] = -\frac{1}{12}(b-a)f''(\xi)h^2, \quad \xi \in (a, b)$$

となることが示される.

6.5 高次のニュートン‐コーツ型積分公式

6.5.1 シンプソンの公式

3 点 $(x_0, f(x_0))$, $(x_1, f(x_1))$, $(x_2, f(x_2))$ を通る 2 次関数を $p_2(x)$ とし, $I[p_2(x)]$ の値を計算する. ただし,

$$x_0 = a, \quad x_1 = \frac{a+b}{2}, \quad x_2 = b$$

とする. 補間公式 (6.5) より,

$$\begin{aligned}
p_2(x) &= \sum_{i=0}^{2} f(x_i) L_i(x) \\
&= f(x_0) \frac{(x-x_1)(x-x_2)}{(x_0-x_1)(x_0-x_2)} \\
&\quad + f(x_1) \frac{(x-x_0)(x-x_2)}{(x_1-x_0)(x_1-x_2)} + f(x_2) \frac{(x-x_0)(x-x_1)}{(x_2-x_0)(x_2-x_1)}
\end{aligned}$$

と表せる. また, 分点の間隔を $h = (b-a)/2$ として

$$\int_a^b \frac{(x-x_1)(x-x_2)}{(x_0-x_1)(x_0-x_2)}\, dx = \frac{1}{2h^2} \int_a^b \left(x - \frac{a+b}{2}\right)(x-b)\, dx = \frac{1}{3}h,$$

$$\int_a^b \frac{(x-x_0)(x-x_2)}{(x_1-x_0)(x_1-x_2)}\, dx = \frac{1}{h^2} \int_a^b \left(x - \frac{a+b}{2}\right)^2 dx = \frac{4}{3}h,$$

$$\int_a^b \frac{(x-x_0)(x-x_1)}{(x_2-x_0)(x_2-x_1)}\, dx = \frac{1}{2h^2} \int_a^b (x-a)\left(x - \frac{a+b}{2}\right) dx = \frac{1}{3}h$$

である. これより,

$$I_2[f] := I[p_2(x)] = \frac{h}{3}\{f(x_0) + 4f(x_1) + f(x_2)\}$$

となる. この値を $I[f]$ の近似値とするのが**シンプソンの公式**である.

シンプソンの公式

$$I_2[f] = \frac{b-a}{6}\{f(x_0) + 4f(x_1) + f(x_2)\}$$

$$x_0 = a, \quad x_1 = \frac{a+b}{2}, \quad x_2 = b$$

以上の説明からわかるように，シンプソンの公式は2次関数に対して正しい積分値を与えるが，実際には3次関数に対しても正しい積分値を与えることが示される．したがって，シンプソンの公式の次数は3である．図6.6にシンプソンの公式の考え方を示す．

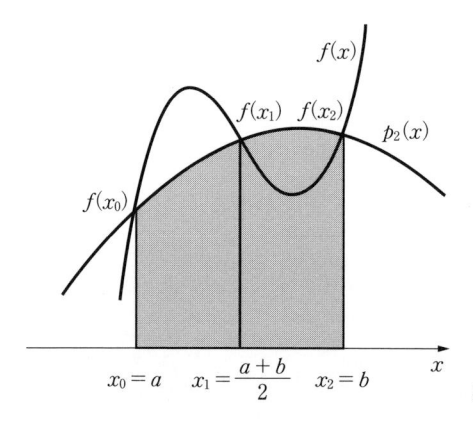

図 6.6 シンプソンの公式

シンプソンの公式をもとにした複合公式の場合には，積分区間を偶数個の小区間に分割して，2個の区間ごとに公式を適用する．n を偶数として，分点を

$$x_i = a + ih \quad (i = 0, 1, \cdots, n)$$

とおくと，

$$\begin{aligned} I_S[f] &= \frac{1}{3}h\{f(x_0) + 4f(x_1) + f(x_2)\} + \frac{1}{3}h\{f(x_2) + 4f(x_3) + f(x_4)\} \\ &\quad + \cdots + \frac{1}{3}h\{f(x_{n-2}) + 4f(x_{n-1}) + f(x_n)\} \\ &= \frac{1}{3}h\{f(x_0) + 4f(x_1) + 2f(x_2) + 4f(x_3) + 2f(x_4) \\ &\quad + \cdots + 4f(x_{n-2}) + 2f(x_{n-1}) + f(x_n)\} \end{aligned}$$

となり，次の積分公式が得られる．

6.5 高次のニュートン-コーツ型積分公式

> **複合シンプソン公式**
>
> $$I_S[f] = \frac{1}{3}h(f_0 + 4f_1 + 2f_2 + 4f_3 + \cdots + 4f_{n-2} + 2f_{n-1} + f_n)$$
>
> $$h = \frac{b-a}{n} \quad (n \text{ は偶数})$$
>
> $$x_i = a + ih, \quad f_i = f(x_i) \quad (i = 0, 1, \cdots, n)$$

シンプソンの公式による誤差

$$E_2[f] := I_2[f] - I[f]$$

および，複合シンプソン公式による誤差

$$E_S[f] := I_S[f] - I[f]$$

は計算が複雑になるため，ここでは詳しいことは省略し，結果のみを表 6.1 にまとめておく．

表 6.1 ニュートン-コーツ型積分公式の誤差

積分公式	誤差
中点公式	$E_0[f] = \dfrac{1}{24}(b-a)^3 f''(\xi)$
台形公式	$E_1[f] = -\dfrac{1}{12}(b-a)^3 f''(\xi)$
シンプソンの公式	$E_2[f] = -\dfrac{1}{2880}(b-a)^5 f^{(4)}(\xi)$
複合中点公式	$E_C[f] = \dfrac{1}{24}(b-a)f''(\xi)h^2$
複合台形公式	$E_T[f] = -\dfrac{1}{12}(b-a)f''(\xi)h^2$
複合シンプソン公式	$E_S[f] = -\dfrac{1}{180}(b-a)f^{(4)}(\xi)h^4$

例題 6.3

定積分

$$\int_0^1 \frac{4}{x^2+1}\,dx$$

の値を複合中点公式，複合台形公式，複合シンプソン公式を用いて計算し，

誤差を比較せよ．

【解】 正確な積分値は
$$\int_0^1 \frac{4}{x^2+1}\,dx = 4[\tan^{-1} x]_0^1 = \pi = 3.1415926\cdots$$
である．$n = 10$ として計算してみよう．

まず，分点と $f(x) = 4/(x^2+1)$ の値を計算すると

$$x_0 = 0.000000 \quad f(x_0) = 4.000000$$
$$x_1 = 0.100000 \quad f(x_1) = 3.960396$$
$$x_2 = 0.200000 \quad f(x_2) = 3.846154$$
$$x_3 = 0.300000 \quad f(x_3) = 3.669725$$
$$x_4 = 0.400000 \quad f(x_4) = 3.448276$$
$$x_5 = 0.500000 \quad f(x_5) = 3.200000$$
$$x_6 = 0.600000 \quad f(x_6) = 2.941176$$
$$x_7 = 0.700000 \quad f(x_7) = 2.684564$$
$$x_8 = 0.800000 \quad f(x_8) = 2.439024$$
$$x_9 = 0.900000 \quad f(x_9) = 2.209945$$
$$x_{10} = 1.000000 \quad f(x_{10}) = 2.000000$$

となる．複合積分公式にこれらの数値を当てはめると

$$\text{複合中点公式}: I_C[f] = 3.142426 \quad E_C[f] = 0.000833$$
$$\text{複合台形公式}: I_T[f] = 3.139926 \quad E_T[f] = -0.001667$$
$$\text{複合シンプソン公式}: I_S[f] = 3.141593 \quad E_S[f] = 0.000000$$

と計算される．これより，複合シンプソン公式が最も良い近似値を与えていることがわかる． □

6.5.2 シンプソンの 3/8 公式とブールの公式

分点を多くとれば，より次数の高い積分公式が得られる．点 $(x_0, f(x_0))$, $(x_1, f(x_1))$, $(x_2, f(x_2))$, $(x_3, f(x_3))$ を通る 3 次関数を $p_3(x)$ とし，$I[f(x)]$ の値を $I[p_3(x)]$ の値で近似しよう．ただし，$h = (b-a)/3$ として，分点
$$x_0 = a, \quad x_1 = a + h, \quad x_2 = a + 2h, \quad x_3 = a + 3h = b$$

6.5 高次のニュートン-コーツ型積分公式

を選ぶと，

$$p_3(x) = f(x_0)\frac{(x-x_1)(x-x_2)(x-x_3)}{(x_0-x_1)(x_0-x_2)(x_0-x_3)}$$
$$+ f(x_1)\frac{(x-x_0)(x-x_2)(x-x_3)}{(x_1-x_0)(x_1-x_2)(x_1-x_3)}$$
$$+ f(x_2)\frac{(x-x_0)(x-x_1)(x-x_3)}{(x_2-x_0)(x_2-x_1)(x_2-x_3)}$$
$$+ f(x_3)\frac{(x-x_0)(x-x_1)(x-x_2)}{(x_3-x_0)(x_3-x_1)(x_3-x_2)}$$

である．詳しい計算は省略するが，これを積分すると，

$$\int_a^b \frac{(x-x_1)(x-x_2)(x-x_3)}{(x_0-x_1)(x_0-x_2)(x_0-x_3)}\,dx = \frac{3}{8}h,$$

$$\int_a^b \frac{(x-x_0)(x-x_2)(x-x_3)}{(x_1-x_0)(x_1-x_2)(x_1-x_3)}\,dx = \frac{9}{8}h,$$

$$\int_a^b \frac{(x-x_0)(x-x_1)(x-x_3)}{(x_2-x_0)(x_2-x_1)(x_2-x_3)}\,dx = \frac{9}{8}h,$$

$$\int_a^b \frac{(x-x_0)(x-x_1)(x-x_2)}{(x_3-x_0)(x_3-x_1)(x_3-x_2)}\,dx = \frac{3}{8}h$$

となることを用いると，次の積分公式が得られる．

シンプソンの 3/8 公式

$$I_3[f] = \frac{3}{8}h\{f(x_0) + 3f(x_1) + 3f(x_2) + f(x_3)\}, \quad h = \frac{b-a}{3}$$

$$x_0 = a, \quad x_1 = a + h, \quad x_2 = a + 2h, \quad x_3 = a + 3h = b$$

この積分公式では重みに 3/8 という値が現れることから，**シンプソンの 3/8 公式**という．さらに分点の数を 5 個に増やし，$h = (b-a)/4$ として

$$x_i = a + ih \quad (i = 0, 1, 2, 3, 4)$$

とすると，上と同様の手続きにより，次の**ブールの積分公式**が得られる．

> **ブールの積分公式**
>
> $$I_4[f] = \frac{2}{45}h\{7f(x_0) + 32f(x_1) + 12f(x_2) + 32f(x_3) + 7f(x_4)\}$$
>
> $$h = \frac{b-a}{4}, \qquad x_i = a + ih \qquad (i = 0, 1, 2, 3, 4)$$

表 6.2 に，各種のニュートン‐コーツ型積分公式の次数をまとめておく．

分点の数を増やせば，さらに次数の高い積分公式が得られる．しかしながら，より高次の積分公式の方が精度が高いとは限らず，また次数が高くなるにつれて重みが複雑になっていくことから，普通は低次の積分公式をもとにした複合公式を用いる．実際，積分公式の次数を高くするよりも，次数の低い複合公式を用いて分割の幅を小さくする方が効率的な場合が多い．

表 6.2 積分公式の次数

積分公式	次数
中点公式	1
台形公式	1
シンプソンの公式	3
シンプソンの 3/8 公式	3
ブールの公式	5

6.6 ガウス型積分公式

6.6.1 ガウス型積分公式の考え方

ニュートン‐コーツ型積分公式では分点が等間隔に選ばれているが，この制限を外して分点を最適に選ぶことによって，公式の次数をできるだけ高くするようにしたものが**ガウス型積分公式**である．

いま，積分区間 $[a, b]$ 内に n 個の分点

$$a \leq x_0 < x_1 < \cdots < x_{n-1} \leq b$$

をとり，積分

$$I[f] = \int_a^b f(x)\,dx$$

に対する近似公式を

6.6 ガウス型積分公式

$$I_G[f] := \sum_{i=0}^{n-1} \alpha_i f(x_i)$$

と表そう．ここで分点と重みを自由に選べるとし，

$$f(x) = x^k \qquad (k = 0, 1, 2, \cdots, m)$$

に対して正しい積分値を与えると仮定すると，分点および重みに対する方程式

$$\sum_{i=0}^{n-1} \alpha_i x_i^k = \frac{1}{k+1}(b^{k+1} - a^{k+1}) \qquad (k = 0, 1, 2, \cdots, m) \quad (6.11)$$

が得られる．これを未知数 $\{x_i\}$ および $\{\alpha_i\}$ に関する（非線形）連立方程式とみなすと，未知数は全部で $2n$ 個であるから，普通は $m = 2n - 1$ とすると分点と重みの値が決まることが期待される．

最も簡単な場合として $n = 1$ について考えてみよう．この場合，$f(x) = 1$ および $f(x) = x$ について正しい積分値を与えるための条件は，それぞれ

$$\alpha_0 = b - a, \qquad \alpha_0 x_0 = \frac{1}{2}(b^2 - a^2)$$

である．これを解くと，

$$\alpha_0 = b - a, \qquad x_0 = \frac{1}{2}(a + b) \qquad (6.12)$$

を得る．この場合には

$$I_G[f] = (b-a)f(x_0), \qquad x_0 = \frac{1}{2}(a+b)$$

となり，中点公式と一致する．

次に $n = 2$ の場合を考えると，$f(x) = 1,\ x,\ x^2,\ x^3$ について正しい積分値を与えるための条件は，それぞれ

$$\alpha_0 + \alpha_1 = b - a$$

$$\alpha_0 x_0 + \alpha_1 x_1 = \frac{1}{2}(b^2 - a^2)$$

$$\alpha_0 x_0^2 + \alpha_1 x_1^2 = \frac{1}{3}(b^3 - a^3)$$

$$\alpha_0 x_0^3 + \alpha_1 x_1^3 = \frac{1}{4}(b^4 - a^4)$$

となる．これを $\alpha_0,\ \alpha_1,\ x_0,\ x_1$ についての連立方程式とみなして解くと，

$$\begin{cases} \alpha_0 = \alpha_1 = \dfrac{b-a}{2} \\ x_0 = \dfrac{(3+\sqrt{3})a + (3-\sqrt{3})b}{6}, \quad x_1 = \dfrac{(3-\sqrt{3})a + (3+\sqrt{3})b}{6} \end{cases}$$

(6.13)

が得られる.

したがって,x_0, x_1 をこの値にとり,積分公式として

$$I_G[f] = \frac{b-a}{2}\{f(x_0) + f(x_1)\}$$

を選ぶことにより,わずか2個の分点 x_1, x_2 での関数値 $f(x_1)$, $f(x_2)$ から3次以下の多項式の積分値を正しく計算できることになる.分点の数を増やせばさらに高次の積分公式が得られるが,分点の数が増えると分点と重みの値を与える条件も増えるので,これらの値を求めるのは難しくなっていく.そこでこれらの値がどのようにして決まるのかを,より系統的に述べる.

まず,変数を

$$x = \frac{b-a}{2}t + \frac{a+b}{2}$$

とおいて,積分区間を変数 x での区間 $[a,b]$ から変数 t での区間 $[-1,1]$ に移しておく.この変数変換により,分点と重みを積分区間と無関係に表現できるだけでなく,分点と重みが原点について対称になって都合がよい.そこで以下では,最初から $a=-1$,$b=1$ として話を進めることにする.

分点 x_i と重み α_i は (6.11) で $a=-1$,$b=1$ とした連立方程式から定まり,$n=1$ および $n=2$ のときの分点 x_i と重み α_i は,それぞれ (6.12),(6.13) より

$$n=1: \quad x_0 = 0, \quad \alpha_0 = 2$$
$$n=2: \quad x_0 = -\frac{1}{\sqrt{3}}, \quad x_1 = \frac{1}{\sqrt{3}}, \quad \alpha_0 = \alpha_1 = 1$$

となる.一般の n については高次の方程式を解かなければならず,直接的に解くのは見通しが良くない.そのため,以下では特殊な形の多項式につい

6.6 ガウス型積分公式

ての理論を用いる．

非負の整数 n に対し，

$$P_0(x) = 1$$

$$P_n(x) = \frac{(-1)^n}{2^n n!} \frac{d^n}{dx^n} (1-x^2)^n \qquad (n = 1, 2, 3, \cdots)$$

で定義される多項式を**ルジャンドルの多項式**という．ルジャンドルの多項式には以下のような性質があることが知られている（証明は，例えば参考文献［6］を参照）．

補題 6.3 $P_n(x)$ は n 次多項式で，以下のような性質をもつ．

（ⅰ）すべての $n = 0, 1, 2, \cdots$ に対し，漸化式

$$P_{n+2}(x) = \frac{2n+3}{n+2} x P_{n+1}(x) - \frac{n+1}{n+2} P_n(x)$$

が成り立つ．

（ⅱ）すべての $n = 0, 1, 2, \cdots$ に対し，

$$\int_{-1}^{1} P_n(x)^2 \, dx = \frac{2}{2n+1}$$

が成り立つ．

（ⅲ）相異なる非負の整数 i, j に対し，直交性と呼ばれる等式

$$\int_{-1}^{1} P_i(x) P_j(x) \, dx = 0$$

が成り立つ．

（ⅳ）すべての $n = 0, 1, 2, \cdots$ に対し，$P_n(x)$ は開区間 $(-1, 1)$ 内にちょうど n 個の零点をもつ．また，これらの零点はすべて単純[2]で，$x = 0$ について対称に分布する．

補題 6.3（ⅰ）を用いると，$P_n(x)$ が順に

$$P_0(x) = 1$$

---

[2] 関数 $f(x)$ が $f(\alpha) = 0$ および $f'(\alpha) \neq 0$ を満たすとき，α を**単純な零点**という．

$$P_1(x) = x$$

$$P_2(x) = \frac{1}{2}(3x^2 - 1)$$

$$P_3(x) = \frac{1}{2}(5x^2 - 3x)$$

$$P_4(x) = \frac{1}{8}(35x^4 - 30x^2 + 3)$$

$$P_5(x) = \frac{1}{8}(63x^5 - 70x^3 + 15x)$$

$$P_6(x) = \frac{1}{16}(231x^6 - 315x^4 + 105x^2 - 5)$$

$$\vdots$$

と計算される.

$x_0 < x_1 < \cdots < x_{n-1}$ を $P_n(x)$ の零点とし,これらの点に対するラグランジュ多項式を $L_i(x)$ $(i = 0, 1, \cdots, n-1)$ とする.また,重み α_i を

$$\alpha_i = \int_{-1}^{1} L_i(x)\,dx \qquad (i = 0, 1, \cdots, n-1) \tag{6.14}$$

で定める.このように定めた分点と重みを用いた積分公式を**ガウス型積分公式**という.$P_n(x)$ の零点と重みは,具体的には表6.3のように計算できる.

表6.3 ガウス型積分公式の分点と重み

分点数 n	分点 x_i	重み α_i
1	0	2
2	±0.577350…	1
3	±0.774596…	0.555555…
	0	0.888888…
4	±0.861136…	0.347854…
	±0.339981…	0.652145…
5	±0.906179…	0.236926…
	±0.538469…	0.478628…
	0	0.568888…

6.6.2 ガウス型積分公式の次数

ガウス型積分公式の次数について次の定理が成り立つ.

6.6 ガウス型積分公式

定理 6.4（ガウス型積分公式の次数） $x_0 < x_1 < \cdots < x_{n-1}$ を $P_n(x)$ の零点とし，重み $\alpha_0, \alpha_1, \cdots, \alpha_{n-1}$ を (6.14) のように定める．このとき，定積分

$$I[f] = \int_{-1}^{1} f(x)\,dx$$

に対する積分公式

$$I_G[f] = \sum_{i=0}^{n-1} \alpha_i f(x_i)$$

の次数は $2n - 1$ である．

【証明】 関数 $P(x)$ を

$$P(x) := \sum_{i=0}^{n-1} f(x_i) L_i(x)$$

で定義すると，$P(x)$ は $f(x)$ の補間多項式であるから，

$$P(x_i) = f(x_i) \quad (i = 0, 1, \cdots, n-1)$$

を満たす．また，補間多項式の一意性（定理 6.1）から，$f(x)$ が $n-1$ 次以下の多項式のときには $P(x)$ と $f(x)$ は一致する．したがって，

$$I[f] = I[P] = \int_{-1}^{1} \left\{ \sum_{i=0}^{n-1} f(x_i) L_i(x) \right\} dx$$

$$= \sum_{i=0}^{n-1} \left\{ f(x_i) \int_{-1}^{1} L_i(x)\,dx \right\}$$

$$= \sum_{i=0}^{n-1} \alpha_i f(x_i) = I_G[f]$$

が得られる．よって，積分公式の次数は少なくとも $n-1$ である．

次に，$f(x)$ を $2n-1$ 次以下の多項式とすると，$n-1$ 次以下の多項式 $Q(x)$，$R(x)$ を用いて

$$f(x) = Q(x) P_n(x) + R(x)$$

と表すことができる．$P_i(x)$ は i 次の多項式であるから，適当な定数 $c_0, c_1, \cdots, c_n$ を用いて

$$Q(x) = \sum_{i=0}^{n-1} c_i P_i(x)$$

と一意的に表せる．したがって，ルジャンドルの多項式の直交性 (iii) より

$$\int_{-1}^{1} Q(x) P_n(x)\, dx = \int_{-1}^{1} \left\{ \sum_{i=0}^{n-1} c_i P_i(x) \right\} P_n(x)\, dx$$
$$= \sum_{i=0}^{n-1} c_i \int_{-1}^{1} P_i(x) P_n(x)\, dx$$
$$= 0$$

が成り立つ．よって，

$$\int_{-1}^{1} f(x)\, dx = \int_{-1}^{1} Q(x) P_n(x)\, dx + \int_{-1}^{1} R(x)\, dx = \int_{-1}^{1} R(x)\, dx$$

である．ここで $R(x)$ は $n-1$ 次以下の多項式であったから，I_G の次数が少なくとも $n-1$ であることを用いると，$I[R] = I_G[R]$，すなわち

$$\int_{-1}^{1} R(x)\, dx = \sum_{i=0}^{n-1} \alpha_i R(x_i)$$

が成り立つ．

一方，$\{x_i\}$ は $P_n(x)$ の零点であったから

$$f(x_i) = Q(x_i) P_n(x_i) + R(x_i) = R(x_i) \quad (i = 0, 1, \cdots, n-1)$$

である．よって，

$$I_G[f] = \sum_{i=0}^{n-1} \alpha_i f(x_i) = \sum_{i=0}^{n-1} \alpha_i R(x_i)$$

である．

以上をまとめると，

$$\int_{-1}^{1} f(x)\, dx = \int_{-1}^{1} R(x)\, dx = \sum_{i=0}^{n-1} \alpha_i R(x_i) = \sum_{i=0}^{n-1} \alpha_i f(x_i)$$

である．よって，$I[f] = I_G[f]$ が示されたので，公式の次数は少なくとも $2n-1$ である．

最後に，公式の次数がちょうど $2n-1$ であることを示そう．そのためには $2n$ 次の多項式 $f(x)$ で $I[f] \neq I_G[f]$ となるものを見つければよい．そこで，$f(x)$ として $P_n(x)^2$ をとると

$$I[f] = \int_{-1}^{1} P_n(x)^2\, dx > 0$$

に対し，

$$I_G[f] = \sum_{i=0}^{n-1} \alpha_i P_n(x_i)^2 = 0$$

となる．よって，このとき $I[f] > I_G[f]$ が得られ，次数が $2n-1$ であることが示された． □

6.6.3 ガウス型積分公式の誤差

分点数 n のガウス型積分公式は $2n-1$ 次までの多項式については正確な積分値を与えるが，もちろん一般には誤差を伴う．ガウス型積分公式の誤差については，以下の評価式が成り立つことが知られている（証明は省略）．

定理 6.5（ガウス型積分公式の誤差） $f(x)$ が閉区間 $[a,b]$ において C^{2n} 級ならば，分点数 n のガウス型積分公式の誤差はある実数 $\xi \in [a,b]$ を用いて

$$E_G[f] := I_G[f] - I[f]$$
$$= \frac{f^{2n-1}(\xi)}{(2n)!} \int_a^b (x-x_0)^2 (x-x_1)^2 \cdots (x-x_{n-1})^2 \, dx$$

と表される．ただし，$x_0, x_1, \cdots, x_{n-1}$ は分点である．

例題 6.4

ガウス型積分公式を用いて，積分 $\int_0^1 \frac{4}{x^2+1} \, dx$ の値を計算せよ．

【解】 まず，$t = 2x - 1$ と変数変換すると

$$\int_0^1 \frac{4}{x^2+1} \, dx = \int_{-1}^1 \frac{4}{\left(\frac{t+1}{2}\right)^2 + 1} \cdot \frac{1}{2} \, dt$$

$$= \int_{-1}^1 \frac{8}{t^2 + 2t + 5} \, dt$$

である．これにガウス型積分公式を適用すると，表 6.4 のような結果が得られる．

表 6.4 ガウス型積分公式による計算例

分点数 n	積分値 $I_G[f]$	誤差 $E_G[f]$
2	3.147541	0.005948
3	3.141068	-0.000525
4	3.141612	0.000019
5	3.141593	0.000000

なお,正確な積分値は $I[f] = \pi = 3.14159265\cdots$ である.ガウス型積分公式は分点の数が少なくても極めて精度の高い積分値が得られることがわかる. □

第7章

常微分方程式

　常微分方程式は，自然科学や工学などの諸分野に現れる様々な現象を数学的に記述し，理工学の分野における重要な対象の一つであるだけでなく，数学の中でも一つの大きな分野を形成している．常微分方程式の解を求めようとすると，いくつもの困難に遭遇する．例えば，微分方程式の解を数式を用いて具体的に表すことができるのは特別な場合に限られ，またそれが可能であったとしても，どのような方法で求めればよいのかすぐにはわからないことも多い．また，解を具体的に表現できたとしても，解の性質がすぐには導けないこともある．この章では，微分方程式の初期値問題の解を求めるためのいくつかの数値計算法とその理論について解説する．

7.1 常微分方程式の解と離散近似

微分方程式は，常微分方程式と偏微分方程式の2つに分類される．常微分方程式とは1個の独立変数に対する関数を未知とする方程式で，未知関数とその導関数を含んだ等式の形で表される．一方，偏微分方程式は2個以上の独立変数による関数を未知とする方程式で，未知関数とその偏導関数を含んだものである．常微分方程式と偏微分方程式は，理論的にも数値的にもその取り扱いには異なる部分が大きいため，章を分けて論じることにし，この章では常微分方程式を扱い，次章では偏微分方程式について述べることにする．

7.1.1 常微分方程式の例

以下では，独立変数 t の未知関数についての常微分方程式を扱う．独立変数としては何を用いてもよいのだが，ここでは方程式の意味をわかりやすくするために，系の状態が時間とともに変化する状況を想定し，時間（time）の頭文字をとって独立変数を t と書くことにする．また，未知関数を $x(t)$ とすれば，常微分方程式はある多変数関数 F を用いて，一般に

$$F(t, x(t), x'(t), \cdots, x^{(n)}(t)) = 0$$

の形に表される．

常微分方程式の解法は，以前は高等学校の数学でも扱われていたが，現在では大学の微分積分の講義で簡単に扱われる程度であり，理論的な解法について学ぶのは大学2年次以降の場合が多いようである．そこで以下では，簡単な常微分方程式の数学的な解法の説明から始めることにする．

まず，最も簡単な常微分方程式の例を与える．

例 1

k を実定数とし，微分方程式

$$x'(t) = k\,x(t) \qquad (t \in \mathbf{R}) \tag{7.1}$$

を考える．方程式 (7.1) は数理生物学において，プランクトンのような微生物の時

刻 t における個体群密度（単位空間内に存在する微生物の平均個体数）の時間的変化を記述する方程式である．

いま，試験管中の水の中に多数の微生物がいるとすると，個体群密度は時刻に関する連続量とみなすことができる．これを時間 t の関数として $x(t)$ と表すことにすると，その微生物の増殖率は $\dfrac{x'(t)}{x(t)}$ で表される．増殖率が一定のときに**マルサス**[1]**の法則**が成立するといい，このとき $x(t)$ が満たす方程式が (7.1) となる．

天下り的ではあるが，この常微分方程式は以下のようにして解くことができる．方程式 (7.1) の両辺に e^{-kt} を掛けて，左辺に移項すると

$$e^{-kt}x'(t) - ke^{-kt}x(t) = 0$$

となる．積と合成関数の微分公式により，これは

$$\{e^{-kt}x(t)\}' = 0$$

と書き直される．これより $e^{-kt}x(t)$ は定数であることがわかる．この定数を C と書くと，求める解は

$$x(t) = Ce^{kt} \tag{7.2}$$

と表される．ここで定数 C の値は任意にとることができ，**任意定数** あるいは **積分定数**と呼ばれる． □

常微分方程式 (7.1) に現れる微分の階数は 1 である（方程式の中に 1 階導関数 x' が含まれており，2 階以上の導関数は含まれていない）．方程式に含まれる最高階の微分階数と同じ個数の任意定数を含む解を**一般解**という．例えば，(7.2) は方程式 (7.1) の一般解である．

任意定数の値が定まるためには，次の例のように，適当な条件を課す必要がある．

例 2

微分方程式 (7.1) および

$$x(t_0) = x_0 \tag{7.3}$$

を満たす関数 $x(t)$ を求めよう．ここで，x_0 は与えられた実数である．t_0 を初期時

---

1) マルサス（Malthus）は 18 世紀末に『人口論』を著したイギリスの経済学者である．

刻，x_0 を初期値，(7.3) を**初期条件**といい，初期条件を定めて常微分方程式の解を求める問題を**初期値問題**という．前述のアメーバの増殖モデルを例にとると，初期条件 (7.3) は初期時刻の個体群密度の値を指定したものである．初期時刻の $x(t_0)$ の値とマルサスの法則を使って，別の時刻での個体群密度の値 $x(t)$ を求めようというのがこの例である．

この初期値問題は次のようにして解くことができる．まず，常微分方程式 (7.1) の一般解は $x(t) = Ce^{kt}$ であった．これに $t = t_0$ を代入して初期条件 (7.3) を用いると $x(t_0) = Ce^{kt_0} = x_0$ となる．これより $C = x_0 e^{-kt_0}$ であり，求める解は $x(t) = x_0 e^{k(t-t_0)}$ となる（図 7.1）．この解 $x(t)$ は単調に増加し，$t \to \infty$ のとき無限大に発散する．

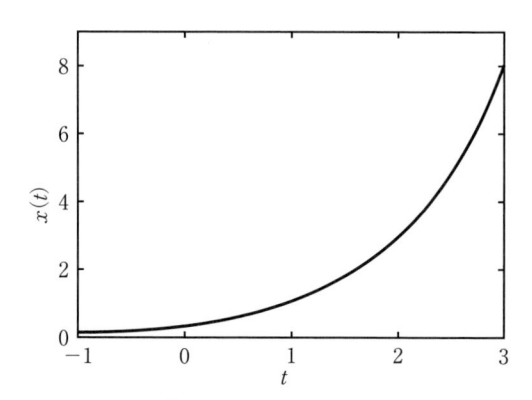

図 7.1 $k = 1, t_0 = 0, x_0 = 0.4$ のときの (7.1)，(7.3) の解 $x(t) = x_0 e^{k(t-t_0)}$ のグラフ

□

個体群密度の変化に個体数の飽和効果（個体群密度が高くなると増殖率が低下する）を考慮に入れると，次の例にあるような，**ロジスティック方程式**と呼ばれる微分方程式が導かれる．

例 3

次の初期値問題を考える．

$$\begin{cases} x'(t) = k\{1 - x(t)\}x(t) & (7.4) \\ x(t_0) = x_0 & (7.5) \end{cases}$$

ここで，定数 k と初期値 x_0 は与えられた実数である．方程式 (7.4) を

$$\frac{1}{x(t)\{1 - x(t)\}} x'(t) = k$$

と変形し，左辺を部分分数に分解すると

$$\left\{\frac{1}{x(t)} + \frac{1}{1 - x(t)}\right\} x'(t) = k$$

7.1 常微分方程式の解と離散近似

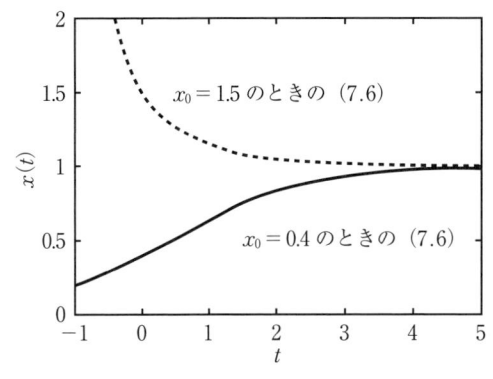

図 7.2 $k=1$, $t_0=0$ とし, $x_0=0.4$ と $x_0=1.5$ のときの (7.4), (7.5) の解のグラフ

となる. 両辺を積分すると

$$\int \frac{x'(t)}{x(t)}\,dt - \int \frac{-x'(t)}{1-x(t)}\,dt = \int k\,dt$$

となり, これより

$$\log|x(t)| - \log|1-x(t)| = kt + C_1 \quad (C_1 \text{ は積分定数})$$

が得られる.

最後に対数を外して変形し, 初期条件 (7.5) を代入して整理すると, 解として

$$x(t) = \frac{x_0 e^{k(t-t_0)}}{\{e^{k(t-t_0)}-1\}x_0 + 1} \tag{7.6}$$

が得られる (図 7.2). 時間が経過すると, 解 $x(t)$ が 1 に収束することが観測される. □

例 2 や例 3 のように, 方程式の有限回の変形と積分によって解を求める方法を**求積法**という. 常微分方程式の初期値問題においては, たとえ簡単な形の方程式であっても, 解を求積法で求めることができるとは限らない. また, 解を既知の関数で具体的に表せたとしても, 解の挙動を明らかにするのは簡単とは限らない. このような場合には, 解を数値的に求めて, グラフ化することが必要となる.

7.1.2 初期値問題の解の存在

より一般的な常微分方程式の初期値問題として,

$$\begin{cases} x'(t) = f(x(t)) & (7.7) \\ x(t_0) = x_0 & (7.8) \end{cases}$$

を考えよう．ここで，関数 f および定数 t_0, x_0 は与えられているものとする．これは，初期時刻 t_0 において解の初期値 x_0 がわかっているとき，常微分方程式 (7.7) から解を求めようという問題である．

方程式 (7.7) では，関数 f は x のみに依存する関数としたが，さらに一般化して，f が t と x の関数 $f = f(t, x)$ とし，

$$x'(t) = f(t, x(t))$$

という形の常微分方程式を考えることもある．この方程式のように，f の独立変数に時間変数 t が含まれる常微分方程式を**非自励系**といい，(7.7) のように t が陽に現れていない常微分方程式を**自励系**という．簡単のため，この章ではしばらくの間は自励系を扱い，最後の節で非自励系を扱うことにする．

初期値問題 (7.7), (7.8) に対して，そもそも解 $x(t)$ があるのか（解の存在），あるとしたら 1 つに決まるのか（解の一意性）という基本的な問題がある．どのような条件のもとで，解の存在と一意性が成り立つのかという問いに答えるには，次の定義が必要になる．

定義 7.1 関数 $f(x)$ が $\alpha \le x \le \beta$ で定義されているとする．もし，ある正の定数 L に対し，$\alpha \le x_1 < x_2 \le \beta$ を満たすすべての x_1, x_2 について

$$|f(x_1) - f(x_2)| \le L|x_1 - x_2|$$

が成り立つとき，f は**リプシッツ条件**を満たすといい，定数 L を**リプシッツ定数**という．

端的にいえば，x と $f(x)$ の変化量の比率

$$\frac{\Delta f(x)}{\Delta x} = \frac{|f(x_1) - f(x_2)|}{|x_1 - x_2|}$$

が有界のとき，すなわち x の値の変化量 Δx に比べて $f(x)$ の値の変化量 $\Delta f(x)$ が大きくないとき，f はリプシッツ条件を満たすことになる．

このリプシッツ条件は常微分方程式の初期値問題を数学的に考察する上で基本的かつ重要な定義であり，数値的に求めた解の誤差を評価する上でも必要となる．

リプシッツ条件を満たす関数の例を次に示す．

例 4

$f(x) = x^2 \, (\alpha \leq x \leq \beta)$ はリプシッツ条件を満たす．なぜならば，$L = \max\{2|\alpha|, 2|\beta|\}$ とおけば，$\alpha \leq x_1 < x_2 \leq \beta$ のとき，

$$\left|\frac{f(x_1) - f(x_2)}{x_1 - x_2}\right| = |x_1 + x_2| \leq L$$

が成立するからである．同様に，自然数 n に対して $f(x) = x^n$ もリプシッツ条件を満たし，リプシッツ定数として $L = \max\{n|\alpha|^{n-1}, n|\beta|^{n-1}\}$ をとることができる． □

一般に，滑らかな関数 $f(x)$ に対して次のことが示される．

補題 7.2 関数 $f(x)$ が x について微分可能で，

$$|f'(x)| \leq L \qquad (\alpha \leq x \leq \beta)$$

となる定数 L が存在すれば，$f(x)$ はリプシッツ条件を満たしリプシッツ定数は L である．

【証明】 $\alpha \leq x_1 < x_2 \leq \beta$ とすると，平均値の定理より，

$$\frac{f(x_1) - f(x_2)}{x_1 - x_2} = f'(c) \qquad (x_1 < c < x_2)$$

となる c が存在する．したがって，

$$|f(x_1) - f(x_2)| = |f'(c)||x_1 - x_2| \leq L|x_1 - x_2|$$

となり，$f(x)$ がリプシッツ条件を満たすことがわかる． □

次に，リプシッツ条件を満たさない関数の例を示す．

例 5

$f(x) = \sqrt{x}$ は $0 \leq x \leq \beta$ でリプシッツ条件を満たさない．このことを背理法で示そう．

もし，f がリプシッツ条件を満たすと仮定すると，
$$|\sqrt{x_1} - \sqrt{x_2}| \leq L|x_1 - x_2| \quad (0 \leq x_1 < x_2 \leq \beta)$$
となる定数 L が存在する．ここで，特に $x_1 = 0$ とおいて，x_2 として，$0 < x_2 \leq \beta$ かつ $x_2 < 1/L^2$ を満たすものを選ぶと
$$\frac{|\sqrt{x_1} - \sqrt{x_2}|}{|x_1 - x_2|} = \frac{1}{\sqrt{x_2}} > L$$
となり，仮定に矛盾を生じる．

直観的にいえば，$y = \sqrt{x}$ のグラフの接線の傾きが $x = 0$ で無限大に発散しているので，リプシッツ条件を満たさないのである．$x = 0$ の近くを除外し，例えば $0.0001 \leq x \leq \beta$ とすると，$f(x) = \sqrt{x}$ はこの範囲でリプシッツ条件を満たし，このときリプシッツ定数は
$$L = \frac{1}{2\sqrt{0.0001}} = 50$$
となる． □

リプシッツ条件のもとで，常微分方程式の初期値問題の解の存在と一意性に関する定理を述べよう．この定理の証明は省略するが，興味のある読者は常微分方程式に関するやや進んだ参考書 [7] の付録 A.1 節をご覧頂きたい．

コーシーの定理　関数 $f(x)$ は $\alpha \leq x \leq \beta$ においてリプシッツ条件を満たすと仮定する．このとき，$\alpha < x_0 < \beta$ を満たす任意の実数 x_0 に対し，ある $r > 0$ が存在して，(7.7), (7.8) を満たす解 $x(t)$ が $-r \leq t \leq r$ においてただ 1 つ存在する．

この定理は常微分方程式の初期値問題 (7.7), (7.8) の **局所解** の存在と一意性を示すものである．局所解とは初期時刻 $t = t_0$ の近くのみで考えた解のことである．すべての時刻 $t \geq t_0$ に対して定義される解を **大域解** と呼ぶ．なお，コーシーの定理における定数 r は，

7.1 常微分方程式の解と離散近似

$$|f(x)| \leq M \qquad (\alpha \leq x \leq \beta) \tag{7.9}$$

となる M を使って，$r = a/M$ ととれることも知られている．

また，(7.9) が成立することは，閉区間上の連続関数には必ず最大値と最小値が存在することから示される．実際，$f(x)$ がリプシッツ条件を満たせば連続となることが簡単に示され，したがって，$|f(x)|$ には最大値が存在するから，それを M とすればよい．

7.1.3 解の離散近似

常微分方程式の初期値問題 (7.7)，(7.8) の数値解法に関して，まずその基本的な考え方について述べる．常微分方程式の解 $x(t)$ を数式ではなく数値で完全に表現するためには，すべての t に対して $x(t)$ の値を決める必要がある．しかし，コンピュータでは無限個のデータを扱うことは不可能である．仮に扱おうとしても，無限の計算時間と無限の記憶容量を必要とするからである．そこで，次のように問題を設定する．

まず，変数 t の範囲を有界区間 $t_0 \leq t \leq T$ に限定し（ただし $T > t_0$ は事前に与える），初期値問題

$$\begin{cases} x'(t) = f(x(t)) & (t_0 \leq t \leq T) \quad (7.10) \\ x(t_0) = x_0 & (7.11) \end{cases}$$

について考える．ここで，関数 $f(x)$ および定数 t_0，x_0 は与えられているものとする．これは「初期値問題の解を時刻 T まで求めよ」という問題である．そこで，N を正の整数として

$$t_i = t_0 + ih \qquad (i = 0, 1, \cdots, N), \qquad h = \frac{T - t_0}{N} \tag{7.12}$$

とおき，時刻 $t_0, t_1, \cdots, t_N = T$ のみでの解の値 $x(t_i)$ を考えることにする．これを解の**離散近似**という．

一般には N の値は十分大きく（h の値は十分小さく）とり，解 $x(t)$ を精度良く近似できるようにする．ただし，N の値が大きすぎると計算時間が増大するとともに，丸め誤差の影響で逆に近似精度が悪くなることもある．

なお，定数 h を**ステップ幅**あるいは**刻み幅**と呼び，微分方程式の数値解法の解析では頻繁に使われる用語である．

また，近似解を
$$x_i = 時刻\ t_i\ での解\ x(t_i)\ の近似値$$
のように表すことにする．なお，$t = t_0$ における近似値 x_0 は与えられた初期値 x_0 をそのまま使うのが一般的である．そのため，近似値と初期値に対して同じ記号 x_0 を使うことにするが，混乱は生じないであろう．

近似解を求めるには，常微分方程式そのものを $x_i (i = 0, 1, \cdots, N)$ に関する適当な関係式で近似する必要がある．どのような形で近似するかによっていくつかの方法があり，これらについて次節から順に具体的に述べるが，その前にいくつかの準備をしておこう．

関数 $f(x)$ が n 回微分可能で n 階導関数 $f^{(n)}(x)$ が連続のとき，f を C^n 級の関数という．C^2 級の関数に対するテイラーの定理は第 2 章ですでに述べたが，ここでは C^n 級の関数に対するテイラーの定理をやや異なる形で与えておく．

> **テイラーの定理** 関数 $f(x)$ が $x = a$ の近くで C^n 級であるとき，
> $$f(a+h) = f(a) + \frac{f'(a)}{1!}h + \cdots + \frac{f^{(n-1)}(a)}{(n-1)!}h^{n-1} + R_n,$$
> $$R_n = \frac{f^{(n)}(a+\theta h)}{n!}h^n$$
> となる実数 $\theta \in (0, 1)$ が存在する．

これを，$f(x)$ の $x = a$ の周りでの**テイラー展開**といい，R_n を**剰余項**と呼ぶ．テイラー展開とは，$|h|$ が小さいときに $f(a+h)$ の値を h の $n-1$ 次の多項式
$$\sum_{k=0}^{n-1} \frac{f^{(k)}(a)}{k!}h^k = f(a) + \frac{f'(a)}{1!}h + \cdots + \frac{f^{(n-1)}(a)}{(n-1)!}h^{n-1}$$
（ここで $0! = 1$，$f^{(0)}(a) = f(a)$ と約束することに注意）で近似したものであり，そのときの近似誤差が剰余項 R_n である．この形のテイラーの定理の

方が，離散近似による誤差を調べる際に便利である．

以下の節では，誤差の大きさを表すのに Ch^p の形の項をしばしば扱う．ここで指数 p は重要であるが，定数 C は必ずしもそうではないので，**ランダウの記号**と呼ばれるものを導入しよう．

定義 7.3 関数 $\phi(h)$ に対して，
$$|\phi(h)| \leq Ch^p \qquad (0 < h < h_0)$$
を満たす定数 $p > 0$, $C > 0$ と $h_0 > 0$ が存在するとき，
$$\phi(h) = O(h^p) \qquad (h \to 0)$$
と書き，関数 $\phi(h)$ の位数は p であるという．また，混乱を生じないときは「$(h \to 0)$」を省略することがある．ここで O は Order（位数）の頭文字であり，ランダウの記号という．

この記号を使えば，テイラーの定理は
$$f(a+h) = f(a) + \frac{f'(a)}{1!}h + \cdots + \frac{f^{(n-1)}(a)}{(n-1)!}h^{n-1} + O(h^n)$$
と表すことができる．

7.2 オイラー法

7.2.1 オイラー法の考え方

この節では，常微分方程式の初期値問題に対する最も簡単な数値解法であるオイラー法について述べる．

微分の定義
$$x'(t) = \lim_{h \to 0} \frac{x(t+h) - x(t)}{h}$$
より，h の値が 0 に近ければ
$$x'(t) \simeq \frac{x(t+h) - x(t)}{h}$$
である．したがって，常微分方程式 (7.10) は

$$\frac{x(t+h) - x(t)}{h} \simeq f(x(t))$$

と近似できる．そこで，時刻 t_i での解 $x(t_i)$ の近似値 x_i を等式

$$\frac{x_{i+1} - x_i}{h} = f(x_i)$$

を満たすようにとったものが**オイラー法**である．

オイラー法

$$x_{i+1} = x_i + h f(x_i) \qquad (i = 0, 1, \cdots, N-1)$$

この右辺は x_i の値がわかれば計算でき，その値によって左辺 x_{i+1} の値が定まる．x_0 の値は既知である（与えられた初期値と等しい）ので，$x_0, x_1, \cdots, x_N$ の順に近似値が計算可能となる．ステップ幅 h を (7.12) のようにとれば，区間 $[0, T]$ における解の離散近似 $x_0, x_1, \cdots, x_N$ が得られたことになる．

例題 7.1

例 3 で扱った方程式において，$k = 1$，$x_0 = 0.1$ とした初期値問題

$$\begin{cases} x'(t) = \{1 - x(t)\}x(t) & (0 \leq t \leq 2) \\ x(0) = 0.1 \end{cases}$$

の解をオイラー法で計算せよ．

【解】 この微分方程式は，一般形 (7.10)，(7.11) において，

$$f(x) = (1-x)x, \qquad t_0 = 0, \qquad x_0 = 0.1, \qquad T = 2$$

とした場合である．したがって，(7.12) より，ステップ幅を $h = 2/N$ として，時刻 $t_i = 2i/N$ における解 $x(t_i)$ の近似値 x_i を順に

表7.1 オイラー法による誤差

分割数 N	近似値 x_N	誤差 e_x	e_x/h
20	$0.438414\cdots$	-0.012439	-0.124389
40	$0.444609\cdots$	-0.006244	-0.124872
80	$0.447726\cdots$	-0.003127	-0.125082
160	$0.449288\cdots$	-0.001565	-0.125179

$$x_0 = 0.1$$
$$x_{i+1} = x_i + h(1-x_i)x_i \quad (i = 0, 1, \cdots, N-1)$$
として計算すればよい．

N の値を $N = 20, 40, 80, 160$ としたときに，$x(T)$ の値の近似値 x_N，誤差 $e_x := x_N - x(T)$ および e_x/h を計算した結果を表 7.1 に示す．

この表において，e_x/h がほぼ一定であることから，誤差 e_x はステップ幅 h にほぼ比例することが見てとれる． □

例題 7.1 における近似解の誤差とステップ幅 h との比例関係は，オイラー法が一般的にもつ性質である．実際，次の定理が成立する．

定理 7.4 $f(x)$ を $\alpha \leq x \leq \beta$ 上の C^1 級関数，$x(t)$ を (7.10)，(7.11) の $[t_0, T]$ における解，$x_i (i = 0, 1, \cdots, N)$ をオイラー法による近似値とする．このとき，
$$|x(t_i) - x_i| \leq Ch \quad (i = 0, 1, \cdots, N) \tag{7.13}$$
となる（h に依存しない）定数 $C > 0$ が存在する．

この定理より，$h \to 0$ のとき，近似値の誤差 $x(t_i) - x_i$ が 0 に収束することがわかる．また，(7.13) の右辺が h に比例することから，誤差は $O(h)$ の大きさであることがわかる．

定理 7.4 の証明は少し長いが難しくはない．以下では，より一般的に，離散近似による誤差について解析した後に，定理 7.4 の証明を与える．

7.2.2 陽的な 1 段法による誤差

オイラー法のように，x_i から直ちに x_{i+1} が計算できるような数値解法を**陽的な 1 段法**という．陽的な 1 段法の一般的な公式は，与えられた関数 $\Phi(x, h)$ を用いて
$$x_{i+1} = x_i + h\,\Phi(x_i, h) \quad (i = 0, 1, \cdots, N-1) \tag{7.14}$$
と表される．ここで，$\Phi(x, h)$ は x についてリプシッツ条件を満たす関数で

ある. 特に, $\Phi(x, h) = f(x)$ のときには (7.14) はオイラー法と一致する.
まず, 公式 (7.14) によって得られる数値解 $x_0, x_1, \cdots, x_N$ について, いくつかの定義と定理を紹介しよう.

常微分方程式 (7.10) の解 $x(t)$ に対して,

$$\tau_i := \frac{x(t_{i+1}) - x(t_i)}{h} - \Phi(x(t_i), h) \tag{7.15}$$

で定義される実数 τ_i を, $t = t_i$ における (7.14) の**局所離散化誤差**といい, 局所離散化誤差の絶対値 $|\tau_0|, |\tau_1|, \cdots, |\tau_{N-1}|$ のうち, 最も大きいもの

$$\tau := \max_{i=0, 1, \cdots, N-1} |\tau_i| \tag{7.16}$$

を (7.14) の**大域離散化誤差**という.

一般に, τ は h の値に依存する. もし,

$$0 < h \leq h_0 \implies 0 \leq \tau \leq Ch^p \tag{7.17}$$

となる定数 $h_0 > 0$, $C > 0$, $p \geq 0$ が存在すれば, 公式 (7.14) の**次数**は p であるという. なお, 積分公式に対して用いた次数 (6.1.2 項) とは意味が異なるので注意してほしい.

局所離散化誤差は, 近似値 x_i が真値 $x(t_i)$ にどの程度近いかを測る指標である. 仮に, 理想的な場合として誤差が 0 であったとしよう. つまり,

$$x_i = x(t_i) \quad (i = 0, 1, \cdots, N)$$

であれば, (7.15) において $\tau_i = 0$ である. 実際には, 誤差が 0 ということは極めてまれであり, 誤差の大きさに依存して τ_i の値が決まる. 大域離散化誤差 τ の定義式 (7.16) により, 時間区間全体 $0 \leq t \leq T$ での誤差の値が τ に反映される. その τ と h の定性的な関係を表すのが次数 p である.

局所離散化誤差の定義 (7.15) を

$$x(t_{i+1}) = x(t_i) + h\Phi(x(t_i), h) + h\tau_i$$

と書き直し, (7.14) との差の絶対値をとると

$$|x(t_{i+1}) - x_{i+1}| = |x(t_i) - x_i + h\{\Phi(x(t_i), h) - \Phi(x_i, h)\} + h\tau_i|$$
$$\leq |x(t_i) - x_i| + h|\Phi(x(t_i), h) - \Phi(x_i, h)| + h|\tau_i|$$

を得る. ここで, Φ のリプシッツ連続性と大域離散化誤差の定義 (7.16) を

用いると，
$$|x(t_{i+1}) - x_{i+1}| \leq (1 + hL)|x(t_i) - x_i| + h\tau \qquad (7.18)$$
が得られる．

漸化不等式 (7.18) は次の結果を使って容易に解くことができる．

補題 7.5 数列 $\{s_i\}$ は
$$s_{i+1} \leq as_i + b \qquad (i = 0, 1, 2, \cdots) \qquad (7.19)$$
を満たしているとする．ただし，a, b は定数で，$a \neq 1$, $a \geq 0$ を満たすものとする．このとき，$c = b/(1-a)$ とおけば，
$$s_i \leq a^i(s_0 - c) + c \qquad (i = 0, 1, 2, \cdots) \qquad (7.20)$$
が成立する．

【証明】 不等式 (7.19) の両辺から c を引き，$c = b/(1-a)$ を用いて整理すると
$$s_{i+1} - c \leq a(s_i - c)$$
となる．$a \geq 0$ に注意し，この不等式を繰り返し用いれば
$$s_i - c \leq a(s_{i-1} - c) \leq a^2(s_{i-2} - c) \leq \cdots \leq a^i(s_0 - c)$$
が得られる．これより，求める不等式 (7.20) が得られる． □

この補題を用いて，次の定理を示そう．

定理 7.6 数値解法 (7.14) の次数を p とする．また，関数 $\Phi(x, h)$ は x についてリプシッツ条件を満たし，リプシッツ定数 L は h に依存しないものとする．このとき，初期値問題 (7.10), (7.11) の解 $x(t)$ と，数値解法 (7.14) による近似値 x_i に対し，
$$|x(t_i) - x_i| \leq Ch^p \qquad (t_0 \leq t_i \leq T)$$
を満たす定数 $C > 0$ が存在する．

【証明】 補題 7.5 において
$$s_i = |x(t_i) - x_i|, \qquad a = 1 + hL, \qquad b = h\tau$$

とし、初期条件 (7.11) から $s_0 = 0$ が成り立つことに注意すれば、(7.20) より、

$$|x(t_i) - x_i| \leq (1 + hL)^i \left\{ |x(t_0) - x_0| + \frac{\tau}{L} \right\} - \frac{\tau}{L}$$

$$\leq \frac{\tau}{L}\{(1 + hL)^i - 1\}$$

が得られる。ここで、(7.17) より

$$\frac{\tau}{L} \leq \frac{C}{L} h^p$$

である。

また、不等式 $1 + hL \leq e^{hL}$ に注意し、$0 \leq t_i \leq T$ の範囲では $0 \leq ih \leq T$ より、

$$|x(t_i) - x_i| \leq \frac{C}{L} h^p (e^{ihL} - 1) \leq \frac{C}{L} (e^{TL} - 1) h^p$$

が得られる。この式の右辺で h^p の係数を改めて C と置き直すと、定理の主張が示されたことになる。 □

定理 7.6 において、定数 C は T に依存しており、場合によっては $T \to \infty$ のとき C が無限大に発散することもある。すなわち、近似解が真の値に収束することは（前もって固定した正の定数 T に対して）$0 \leq t \leq T$ の範囲では保証できるが、$0 \leq t < \infty$ では正しいとは限らないことに注意しなければならない。

7.2.3 定理 7.4 の証明

さて、いよいよ定理 7.4 の証明を与えよう。定理 7.6 より、オイラー法の次数が 1 であることを示せば十分である。

【証明】 $x(t)$ を常微分方程式 (7.10) の解とする。仮定より、$f(x)$ は x について C^1 級であるから、$f(x(t))$ は t について C^1 級である。したがって (7.10) より、$x(t)$ は C^2 級であるから、テイラーの定理より

$$x(t + h) = x(t) + h\, x'(t) + \frac{1}{2} h^2 x''(t + \theta h)$$

となる実数 $\theta \in (0,1)$ が存在する．

オイラー法では，$\Phi(x, h) = f(x) = x'(t)$ であることに注意し，(7.15) と比べると，局所離散化誤差は

$$\tau_i = \frac{x(t_{i+1}) - x(t_i)}{h} - f(x(t_i)) = \frac{1}{2} h\, x''(t + \theta h)$$

で与えられる．$|x''(t)|$ は連続なので，$0 \leq t \leq T$ での $|x''(t)|$ の最大値 M が存在し，したがって，大域的離散誤差は

$$\tau = \max_{i=0,1,\cdots,N} |\tau_i| \leq \frac{M}{2} h$$

を満たし，オイラー法の次数は 1 である． □

定理 7.6 により，次数が p の公式で計算した数値解の誤差はほぼ h^p に比例する．h としては小さい値を採用するため，p が大きい方が誤差が小さい．オイラー法は 1 次の解法であり，近似解は真の値に収束するとしても，誤差は $O(h)$ の大きさであり十分小さいとはいえない．そのため，オイラー法は本格的な数値計算で使われることは少ないが，プログラミングは容易であり，簡易的な数値計算でおおまかな情報を引き出すのに向いている方法といえる．

7.3 ルンゲ-クッタ法

7.3.1 ルンゲ-クッタ法の考え方

次数が 1 の数値解法は誤差が大きいので，精度の高い計算のためには，より高次の解法が望まれる．高次の解法の構成には，**ルンゲ-クッタ法**と**線形多段法**の 2 通りの考え方がある．この節では，ルンゲ-クッタ法について取り扱う．

次数が 2 の数値解法を (7.14) の形で構成しよう．そのために，(7.14) における関数 $\Phi(x, h)$ を

$$\begin{cases} \Phi(x,h) := \alpha k_1 + \beta k_2 \\ k_1 = f(x), \qquad k_2 = f(x+qhk_1) \end{cases} \tag{7.21}$$

の形で定めることにする．ここで，定数 α, β と q は，次数が2となるように次のようにして決める．

まず，テイラーの定理より，
$$k_2 = f(x) + qhk_1 f'(x) + O(h^2)$$
である．一方，微分方程式(7.10)の解 $x(t)$ は
$$x''(t) = \{f(x(t))\}' = f'(x(t))x'(t) = f'(x(t))f(x(t))$$
を満たすから，
$$\begin{aligned} x(t_{i+1}) &= x(t_i + h) \\ &= x(t_i) + hx'(t_i) + \frac{h^2}{2}x''(t_i) + O(h^3) \\ &= x(t_i) + hf(x(t_i)) + \frac{h^2}{2}f'(x(t_i))f(x(t_i)) + O(h^3) \end{aligned}$$
である．局所離散誤差の定義(7.15)を変形し，上の式を用いると
$$\begin{aligned} h\tau_i &= x(t_{i+1}) - \{x(t_i) + h\Phi(x(t_i),h)\} \\ &= x(t_{i+1}) - \{x(t_i) + h(\alpha k_1 + \beta k_2)\} \\ &= \left\{x(t_i) + hf(x(t_i)) + \frac{h^2}{2}f'(x(t_i))f(x(t_i)) + O(h^3)\right\} \\ &\quad - [x(t_i) + h\{\alpha f(x(t_i)) + \beta[f(x(t_i)) + qhf(x(t_i))f'(x(t_i)) + O(h^2)]\}] \\ &= -(\alpha+\beta-1)hf(x(t_i)) - \left(\beta q - \frac{1}{2}\right)h^2 f'(x(t_i))f(x(t_i)) + O(h^3) \end{aligned}$$
となる．これより，
$$\alpha + \beta = 1, \qquad \beta q = \frac{1}{2} \tag{7.22}$$
であれば，
$$\tau_i = O(h^2)$$
となり，次数2の公式が得られたことになる．

7.3.2 ホイン法とルンゲ-クッタ法

関係式 (7.22) を満たす α, β, q としては，

$$\alpha = \frac{1}{2}, \quad \beta = \frac{1}{2}, \quad q = 1 \tag{7.23}$$

あるいは

$$\alpha = 0, \quad \beta = 1, \quad q = \frac{1}{2} \tag{7.24}$$

などがよく使われる．前者のように定数を選んだ方法を**ホイン法**，後者のように定数を選んだ方法を**改良オイラー法**といい，総称して **2 次のルンゲ-クッタ法**という．

ホイン法による計算公式は，(7.21) に (7.23) を代入して次のように表される．

ホイン法

$$x_{i+1} = x_i + \frac{h}{2}(k_1 + k_2) \quad (i = 0, 1, \cdots, N-1)$$

$$k_1 = f(x_i), \quad k_2 = f(x_i + hk_1)$$

計算手順としては，まず，x_i の値を使って k_1 を計算し，次に x_i と k_1 の値を使って k_2 を求め（k_2 を計算するために k_1 を使っていることに注意する），最後に，k_1, k_2, x_i から x_{i+1} を計算する．

改良オイラー法での計算公式は，(7.21) に (7.24) を代入して次のように表される．

改良オイラー法

$$x_{i+1} = x_i + hk_2 \quad (i = 0, 1, \cdots, N-1)$$

$$k_1 = f(x_i), \quad k_2 = f\left(x_i + \frac{h}{2}k_1\right)$$

具体的な計算手順はホイン法と同様である．次に，数値例を示す．

例題 7.2

例題 7.1 と同じ微分方程式に対し，ホイン法と改良オイラー法で解を計算して，その結果を比較せよ．

【解】 $x(T)$ の値の近似値 x_N，誤差 $\mathrm{e}_x = x_N - x(T)$ および e_x/h^2 を計算した結果を表 7.2 と表 7.3 に示す．

表 7.2 ホイン法による誤差

分割数 N	近似値 x_N	誤差 e_x	e_x/h^2
20	0.450483 $\cdots$	-3.70117×10^{-4}	-0.037012
40	0.450758 $\cdots$	-9.50891×10^{-5}	-0.038036
80	0.450829 $\cdots$	-2.41006×10^{-5}	-0.038561
160	0.450847 $\cdots$	-6.06671×10^{-6}	-0.038827

表 7.3 改良オイラー法による誤差

分割数 N	近似値 x_N	誤差 e_x	e_x/h^2
20	0.450686 $\cdots$	-1.67118×10^{-4}	-0.016712
40	0.450810 $\cdots$	-4.25971×10^{-5}	-0.017039
80	0.450842 $\cdots$	-1.07545×10^{-5}	-0.017207
160	0.450850 $\cdots$	-2.70197×10^{-6}	-0.017293

これらの表において，e_x/h^2 がほぼ一定であることから，誤差がほぼ h^2 に比例していることがわかる．また，オイラー法に比べ（表 7.1 参照），ホイン法と改良オイラー法の誤差が格段に小さくなっている点に注意する． □

次数が大きい方が誤差が小さくなると期待できるため，さらに次数を上げることが考えられる．常微分方程式の数値計算で最もよく使われる方法の 1 つは，**4 次のルンゲ - クッタ法**である．導出の過程は 2 次のルンゲ - クッタ法と基本的に同じであり，$x(t_{i+1})$ に関して $O(h^5)$ までの展開式を用いることによって得られる．詳細な計算は省略して結論だけを書けば，近似解を計算するための公式は以下の通りである．

7.3 ルンゲ–クッタ法

4次のルンゲ–クッタ法

$$x_{i+1} = x_i + h(\alpha k_1 + \beta k_2 + \gamma k_3 + \delta k_4) \qquad (i = 0, 1, \cdots, N-1)$$

$$k_1 = f(x_i)$$

$$k_2 = f(x_i + qhk_1)$$

$$k_3 = f(x_i + rhk_2 + shk_1)$$

$$k_4 = f(x_i + uhk_3 + vhk_2 + whk_1)$$

ここで定数 α, β, γ, δ, q, r, s, u, v, w を

$$\alpha = \delta = \frac{1}{6}, \quad \beta = \gamma = \frac{1}{3}, \quad q = r = \frac{1}{2}, \quad u = 1, \quad s = v = w = 0$$

と選ぶ方法を**ルンゲの 1/6 法**,

$$\alpha = \delta = \frac{1}{8}, \quad \beta = \gamma = \frac{3}{8}, \quad q = -s = \frac{1}{3}, \quad r = u = -v = w = 1$$

と選ぶ方法を**クッタの 1/8 法**と呼び, 総称して **4次のルンゲ–クッタ法**という.

例題 7.3

例題 7.1 と同じ微分方程式に対し, ルンゲの 1/6 法で解を計算せよ.

【解】 数値計算の結果を表 7.4 に示す. 理論通り, 誤差がほぼ h^4 に比例しているのが観察される.

表 7.4 ルンゲの 1/6 法による誤差

分割数 N	近似値 x_N	誤差 e_x	e_x/h^4
20	$0.450853\cdots$	-1.14127×10^{-7}	-0.001141
40	$0.450853\cdots$	-7.29025×10^{-9}	-0.001166
80	$0.450853\cdots$	-4.60641×10^{-10}	-0.001179
160	$0.450853\cdots$	-2.89479×10^{-11}	-0.001186

□

読者の中には, 5次以上の公式を使えばさらに誤差の小さい近似値を計算できると考える人もいるであろう. 理論上ではその通りであるが, 実際にコンピュータで計算するときには, 丸め誤差が混入することを忘れてはいけない.

高次の公式で計算した場合，離散化誤差よりも丸め誤差が支配的になり，期待したような精度の近似値を得ることができるとは限らない．

7.4 線形多段法と予測子修正子法

7.4.1 線形多段法の考え方

この節では，ルンゲ–クッタ法と並ぶもう1つの高次数値解法である線形多段法について述べる．簡単のため，
$$f_i := f(x_i) \quad (i = 0, 1, 2, \cdots, N)$$
と略記すると，**線形多段法**の一般形は，
$$x_{i+1} = \alpha_1 x_i + \alpha_2 x_{i-1} + \cdots + \alpha_k x_{i+1-k} + h(\beta_0 f_{i+1} + \beta_1 f_i + \cdots + \beta_k f_{i+1-k})$$
$$(i = k-1, k, k+1, \cdots, N-1) \tag{7.25}$$
である．ここで，α_j と β_j は実定数であり，特に $\alpha_k^2 + \beta_k^2 \neq 0$ であると仮定し，自然数 k を解法の**段数**と呼ぶ[2]．

線形多段法においては，x_0 の値から $x_1, x_2, \cdots$ を次々と計算することはできず，$x_0, x_1, \cdots, x_{k-1}$ の値がわかってから，初めて $x_k, x_{k+1}, \cdots$ が計算できる．そのため，$x_0, x_1, \cdots, x_{k-1}$ の値は予めオイラー法やルンゲ–クッタ法で計算するのが一般的である．

また，$\beta_0 = 0$ の場合には x_{i+1} の値が $x_i, x_{i-1}, \cdots, x_{i+1-k}$ から直ちに計算可能であり，このとき，(7.25) は**陽解法**と呼ばれる．

一方，$\beta_0 \neq 0$ の場合，(7.25) の右辺の $f_{i+1} = f(x_{i+1})$ に x_{i+1} が含まれることから，x_{i+1} を求めるためには
$$x_{i+1} - h\beta_0 f(x_{i+1}) = (計算済みの値)$$
の形の（非線形）方程式を解く必要がある．このとき，(7.25) は**陰解法**と呼ばれる．

---

2) $\alpha_k = \beta_k = 0$ のときは k を1つ小さくすることができる．

7.4.2 線形多段法の具体例

線形多段法による具体的な解法をあげよう．

中　点　法　　一般形 (7.25) において

$$k = 2, \quad \alpha_1 = 0, \quad \alpha_2 = 1, \quad \beta_0 = \beta_2 = 0, \quad \beta_1 = 2$$

とした2段法による陽解法である．

中　点　法

$$x_{i+1} = x_{i-1} + 2hf_i \quad (i = 1, 2, \cdots, N-1)$$

次節で詳しく議論するが，実は中点法は実用上は適さない．

アダムス‐バッシュフォース法　　一般形 (7.25) において，

$$\alpha_1 = 1, \quad \alpha_2 = \alpha_3 = \cdots = \alpha_k = 0, \quad \beta_0 = 0$$

とした陽解法である．p 次の解法を得るためには，$k = p$ として $\beta_1, \beta_2, \cdots, \beta_k$ をうまく選ぶ必要がある．結論だけを述べると，$k = 2, 3, 4$ の場合は以下の通りとなる．

アダムス‐バッシュフォース法

$$k = 2: \quad x_{i+1} = x_i + \frac{h}{2}(3f_i - f_{i-1}) \quad (i = 1, 2, \cdots, N-1)$$

$$k = 3: \quad x_{i+1} = x_i + \frac{h}{12}(23f_i - 16f_{i-1} + 5f_{i-2})$$

$$k = 4: \quad x_{i+1} = x_i + \frac{h}{24}(55f_i - 59f_{i-1} + 37f_{i-2} - 9f_{i-3})$$

アダムス‐バッシュフォース法の導出には，ラグランジュの多項式とそれによる補間を使う（定理 6.2 を参照）．基本的な考え方は以下の通りである．

(ⅰ) 自然数 k を与える．k は解法の段数であり，結果的に解法の次数は k となる．

(ⅱ) 常微分方程式を区間 $[t_i, t_{i+1}]$ において積分し，常微分方程式を積分方程式に変換する．

(iii) 積分方程式に現れる関数 $f(x(t))$ を, $t_i, t_{i-1}, \cdots, t_{i-k+1}$ に対応する補間多項式 $P_k(t)$ で置き換える.

具体例として $k=3$ の場合を扱い, アダムス-バッシュフォース法
$$x_{i+1} = x_i + \frac{h}{12}(23f_i - 16f_{i-1} + 5f_{i-2}) \tag{7.26}$$
を導いてみよう.

常微分方程式 (7.10) を区間 $[t_i, t_{i+1}]$ で積分すると,
$$x(t_{i+1}) - x(t_i) = \int_{t_i}^{t_{i+1}} f(x(t))\, dt \tag{7.27}$$
を得る. t_i, t_{i-1}, t_{i-2} に対応するラグランジュの多項式は
$$L_i(t) = \frac{(t - t_{i-1})(t - t_{i-2})}{(t_i - t_{i-1})(t_i - t_{i-2})}$$
$$L_{i-1}(t) = \frac{(t - t_i)(t - t_{i-2})}{(t_{i-1} - t_i)(t_{i-1} - t_{i-2})}$$
$$L_{i-2}(t) = \frac{(t - t_i)(t - t_{i-1})}{(t_{i-2} - t_i)(t_{i-2} - t_{i-1})}$$
であり, 補間多項式はこれらを用いて
$$P_2(t) = f(x(t_i))L_i(t) + f(x(t_{i-1}))L_{i-1}(t) + f(x(t_{i-2}))L_{i-2}(t)$$
と表される.

関数 $f(x(t))$ を多項式 $P_2(t)$ で近似したときの誤差を $R(t)$ で表し, $f(x(t)) = P_2(t) + R(t)$ とおく. この式を (7.27) の右辺に代入すると,
$$\int_{t_i}^{t_{i+1}} f(x(t))\, dt = \int_{t_i}^{t_{i+1}} P_2(t)\, dt + \int_{t_i}^{t_{i+1}} R(t)\, dt$$
を得る. ここで
$$\int_{t_i}^{t_{i+1}} L_i(t)\, dt = \int_{t_i}^{t_{i+1}} \frac{(t - t_{i-1})(t - t_{i-2})}{(t_i - t_{i-1})(t_i - t_{i-2})}\, dt = \frac{23}{12}h$$
$$\int_{t_i}^{t_{i+1}} L_{i-1}(t)\, dt = \int_{t_i}^{t_{i+1}} \frac{(t - t_i)(t - t_{i-2})}{(t_{i-1} - t_i)(t_{i-1} - t_{i-2})}\, dt = -\frac{4}{3}h$$
$$\int_{t_i}^{t_{i+1}} L_{i-2}(t)\, dt = \int_{t_i}^{t_{i+1}} \frac{(t - t_i)(t - t_{i-1})}{(t_{i-2} - t_i)(t_{i-2} - t_{i-1})}\, dt = \frac{5}{12}h$$

を用いると，(7.27) より

$$x(t_{i+1}) = x(t_i) + h\left\{\frac{23}{12}f(x(t_i)) - \frac{4}{3}f(x(t_{i-1})) + \frac{5}{12}f(x(t_{i-2}))\right\}$$
$$+ \int_{t_i}^{t_{i+1}} R(t)\,dt$$

が成立する．

右辺の第3項を誤差項とみなして削除し，真値 $x(t_{i+j})$ を近似値 x_{i+j} で置き換える ($j = 1, 0, -1, -2$) ことにより，3次のアダムス - バッシュフォース法 (7.26) が得られる．

アダムス - モールトン法 $\alpha_j\,(j = 0, 1, 2, \cdots)$ の値はアダムス - バッシュフォース法と同じに選び，$\beta_0 \neq 0$ とした陰解法である．

アダムス - モールトン法

$$k = 2: \quad x_{i+1} = x_i + \frac{h}{2}(f_{i+1} + f_i) \qquad (i = 0, 1, \cdots, N-1)$$

$$k = 3: \quad x_{i+1} = x_i + \frac{h}{12}(5f_{i+1} + 8f_i - f_{i-1})$$

$$k = 4: \quad x_{i+1} = x_i + \frac{h}{24}(9f_{i+1} + 19f_i - 5f_{i-1} + f_{i-2})$$

アダムス - モールトン法も，上のような方法で導くことができる．唯一の違いは，t_i, t_{i-1}, t_{i-k+1} に加えて t_{i+1} を分点とした $k+1$ 次の補間多項式 $P_{k+1}(x)$ を用いることである．なお，一般に k 段のアダムス - バッシュフォース法およびアダムス - モールトン法は k 次の精度をもつことが知られている．

7.4.3 予測子修正子法

次節で述べるように，陰解法は安定性の面では優れているが，各時間ステップごとに方程式を解かなければならないのが面倒である．特殊な場合を除き，その方程式は非線形であり，代入法やニュートン法を用いて解く必要がある．

陰解法の1つである3段のアダムス‐モールトン法

$$x_{i+1} = x_i + \frac{h}{24}(9f_{i+1} + 19f_i - 5f_{i-1} + f_{i-2})$$

について考えてみよう．

x_i, x_{i-1}, x_{i-2} が与えられたとき，x_{i+1} を求めるためには，

$$\phi(x) := x_i + \frac{h}{24}(9f(x) + 19f_i - 5f_{i-1} + f_{i-2})$$

として，x_{i+1} についての方程式

$$x_{i+1} = \phi(x_{i+1})$$

を解く必要がある．この方程式に解 x_{i+1} があるものと仮定し，関数 f は C^1 級としよう．すると，

$$\phi'(x_{i+1}) = \frac{3h}{8}f'(x_{i+1})$$

であるため，十分小さい $h > 0$ に対して $|\phi'(x_{i+1})| < 1$ となる．これより，ϕ が縮小写像となる区間 I が存在し，2.3.2項の定理2.1より，反復法

$$\alpha_{i+1} = \phi(\alpha_i) \qquad (i = 0, 1, 2, \cdots) \tag{7.28}$$

で得られる数列 $\{\alpha_i\}$ は $x = \phi(x)$ の解 α に収束する．

このことを念頭において，次のような解法を構成しよう．

予測子修正子法

Step 1： 適当な方法で $x(t_{i+1})$ の近似値 $\tilde{x}_{i+1}$ を計算する．そのときに使う方法を**予測子**という．

Step 2： 反復 (7.28) を1回だけ行ない，その計算結果を x_{i+1} とする．すなわち，$x_{i+1} = \phi(\tilde{x}_{i+1})$ とする．そのときに使う方法を**修正子**という．

この方法を，**予測子修正子法**による常微分方程式 (7.10) の解法という．これは陽解法であり，計算がしやすいというメリットがある．例えば，ホイン法は

予測子はオイラー法： $\tilde{x}_{i+1} = x_i + hf(x_i)$

修正子は台形公式　：　$x_{i+1} = x_i + \dfrac{h}{2}\{f(\tilde{x}_{i+1}) + f(x_i)\}$

とした予測子修正子法とみなせる．ここで台形公式の次数は2であるから，予測子が1次の精度であっても，予測子修正子法による結果は（修正子と同じ）2次の精度が得られる．

通常，予測子修正子法は線形多段法で使うことが多い．例えば，修正子として4次のアダムス - モールトン法を用い，予測子はアダムス - モールトン法と同じ段数のアダムス - バッシュフォース法を用いると，

$$\begin{cases} \tilde{x}_{i+1} = x_i + \dfrac{h}{12}\{23f(x_i) - 16f(x_{i-1}) + 5f(x_{i-2})\} \\ x_{i+1} = x_i + \dfrac{h}{24}\{9f(\tilde{x}_{i+1}) + 19f(x_i) - 5f(x_{i-1}) + f(x_{i-2})\} \end{cases}$$

が3段の予測子修正子法となり，次数は4である．

7.5　数値解法の安定性

7.5.1　陽的な1段法の安定性

この節では，微分方程式の数値解法に対する**安定性**の概念について述べる．安定性は，初期値が少しだけ異なるとき，数値解も少しだけ異なることを保証するものである（初期値に関する近似解の連続性ともいう）．安定性のない数値計算法では，本来は生じないはずの振動が見られたり，数値解が発散して計算が破綻したりする．そのため，意味のある数値計算を実行するためには，安定性のある方法を選ぶ必要がある．

まず，陽的な1段法 (7.14) に対し，その安定性を次のように定義する．

定義 7.7　陽的な1段法 (7.14) において，x_0 を初期値とする数値解を $\{x_i\}$，$\tilde{x}_0$ を初期値とする数値解を $\{\tilde{x}_i\}$ で表す．ステップ幅 h に依存しない関数 $k(t)$ が存在して，

$$|x_i - \tilde{x}_i| \leq k(t_i)|x_0 - \tilde{x}_0| \quad (i = 0, 1, \cdots, N)$$

を満たすとき，数値解法 (7.14) は **安定** であるという．また，この式を満たさないとき **不安定** であるという．

陽的な 1 段法に対する安定性の結果は次のとおりである．

定理 7.8（陽的な 1 段法の安定性） 陽的な 1 段法 (7.14) において，関数 $\Phi(x, h)$ は x についてリプシッツ条件を満たし，リプシッツ定数 L は h に依存しないものとする．このとき，数値解法 (7.14) は安定である．

【証明】 定義 7.7 のような数列 $\{x_i\}$ および $\{\tilde{x}_n\}$ に対し，リプシッツ条件より
$$|\Phi(\tilde{x}_i, h) - \Phi(x_i, h)| \leq L|\tilde{x}_i - x_i| \quad (i = 0, 1, \cdots, N)$$
である．ここで，左辺が
$$|\Phi(\tilde{x}_i, h) - \Phi(x_i, h)| = \left|\frac{\tilde{x}_{i+1} - \tilde{x}_i}{h} - \frac{x_{i+1} - x_i}{h}\right|$$
$$\geq \frac{1}{h}(|\tilde{x}_{i+1} - x_{i+1}| - |\tilde{x}_i - x_i|)$$
を満たすことを用いて変形すると，
$$|\tilde{x}_{i+1} - x_{i+1}| \leq (1 + hL)|\tilde{x}_i - x_i| \quad (i = 0, 1, \cdots, N)$$
となる．この不等式を繰り返し用いると
$$|\tilde{x}_{i+1} - x_{i+1}| \leq (1 + hL)^{i+1}|\tilde{x}_0 - x_0|$$
が得られる．ここで $0 \leq 1 + hL \leq e^{hL}$ であることより，
$$|\tilde{x}_{i+1} - x_{i+1}| \leq e^{(i+1)hL}|\tilde{x}_0 - x_0| = e^{t_{i+1}L}|\tilde{x}_0 - x_0|$$
が成り立つ．よって，$k(t) = e^{Lt}$ として数値解法の安定性が示された．□

7.5.2 線形多段法の安定性

次に，線形多段法 (7.25) の安定性を考える．まずは最も単純な場合として，方程式 (7.10) において $f(x) \equiv 0$ の場合，すなわち，常微分方程式
$$x'(t) = 0$$
に対する数値解法を考える．このとき，(7.25) は h と無関係な式

7.5 数値解法の安定性

$$x_{i+1} = \sum_{j=1}^{k} \alpha_j x_{i+1-j}$$

で表せる．初期値 $x_0, x_1, \cdots, x_{k-1}$ に対する数値解を $\{x_i\}$，別の初期値 $\tilde{x}_0, \tilde{x}_1$, $\cdots, \tilde{x}_{k-1}$ に対する数値解を $\{\tilde{x}_i\}$ で表し，その差を $e_i := x_i - \tilde{x}_i$ とおけば，

$$e_{i+1} = \sum_{j=1}^{k} \alpha_j e_{i+1-j} \tag{7.29}$$

が成り立つ．この漸化式は，次のようにして解くことができる．

漸化式 (7.29) に対して，λ に関する k 次代数方程式

$$\lambda^k - \sum_{j=1}^{k} \alpha_j \lambda^{k-j} = 0 \tag{7.30}$$

を考え，これを漸化式 (7.29) の**特性方程式**という．特性方程式の解を $\lambda_1, \lambda_2, \cdots, \lambda_l \in \mathbf{C}$ という相異なる（複素）数とすると，この方程式の左辺は

$$\lambda^k - \sum_{j=1}^{k} \alpha_j \lambda^{k-j} = (\lambda - \lambda_1)^{m_1} (\lambda - \lambda_2)^{m_2} \cdots (\lambda - \lambda_l)^{m_l}$$

と因数分解できる．ここで指数 m_j は正の整数で，λ_j に対する**重複度**と呼ばれる．

定理 7.9 特性方程式 (7.30) の解を λ_j，その重複度を m_j とする ($j = 1, 2, \cdots, l$)．このとき，漸化式 (7.29) の解は

$$\begin{aligned}
e_i = &\ (c_1^{(1)} + c_1^{(2)} i + \cdots + c_1^{(m_1-1)} i^{m_1-1}) \lambda_1^i \\
&+ (c_2^{(1)} + c_2^{(2)} i + \cdots + c_2^{(m_2-1)} i^{m_2-1}) \lambda_2^i \\
&+ \cdots \\
&+ (c_l^{(1)} + c_l^{(2)} i + \cdots + c_l^{(m_l-1)} i^{m_l-1}) \lambda_l^i \\
&(i = 0, 1, \cdots, N)
\end{aligned} \tag{7.31}$$

と表せる．ここで，係数 $\{c_j^{(m)}\}$ ($j = 1, 2, \cdots, l$; $m = 1, 2, \cdots, m_l$) は $e_0, e_1, \cdots, e_{k-1}$ から決まる（複素）定数である．

【証明】 この定理の厳密な証明は初等的ではあるが，かなり複雑なので，概略を述べるにとどめる．

まず，

$$e_i = i^{m-1}\lambda_j{}^i \quad (j = 1, 2, \cdots, l;\ m = 1, 2, \cdots, m_l)$$

が漸化式 (7.29) を満たしていることに注意する．これは (7.29) に直接代入して，(7.30) を用いることによって示される．この事実と，方程式 (7.29) が線形であることを用いると，任意の定数 $\{c_j^{(m)}\}$ に対して，(7.31) が (7.29) を満たすことがわかる．また，これ以外に解がないことも，係数が満たすべき連立方程式を調べることによって示すことができる． □

漸化式 (7.29) の解 (7.31) は
$$c_j^{(m)} i^{m-1} \lambda_j{}^i \quad (j = 1, 2, \cdots, l;\ m = 1, 2, \cdots, m_l)$$
の形の項からなり，各項は

$$\begin{cases} |\lambda_j| < 1,\ m \geq 1 & \Longrightarrow\ \lim_{i\to\infty} i^{m-1}\lambda_j{}^i = 0 \\ |\lambda_j| = 1,\ m = 1 & \Longrightarrow\ \lim_{i\to\infty} |i^{m-1}\lambda_j{}^i| = 1 \\ |\lambda_j| = 1,\ m \geq 2 & \Longrightarrow\ \lim_{i\to\infty} |i^{m-1}\lambda_j{}^i| = \infty \\ |\lambda_j| > 1,\ m \geq 1 & \Longrightarrow\ \lim_{i\to\infty} |i^{m-1}\lambda_j{}^i| = \infty \end{cases}$$

を満たす．したがって，特性方程式の解 $\{\lambda_j\}$ が条件

$$\begin{cases} |\lambda_j| \leq 1 \quad (j = 1, 2, \cdots, l) \\ |\lambda_j| = 1 \text{であれば，} \lambda_j \text{の重複度は } m_j = 1 \end{cases} \quad (7.32)$$

を満たせば，解 (7.31) のすべての項は $i \to \infty$ のとき有界である．したがって，定理 7.9 より，(7.31) の各項が有界なので
$$|e_i| \leq C \quad (i = 0, 1, \cdots, N)$$
となる定数 $C > 0$ が存在することが示される．また，簡単な計算により，この定数 C は初期値 $e_0, e_1, \cdots, e_{k-1}$ が 0 に近づくと 0 に収束することがわかる．

以上の議論から，線形多段法の安定性を以下のように定めるのが自然である．

定義 7.10 特性方程式 (7.30) の解が条件 (7.32) を満たすとき，線形多段法 (7.25) は**安定**であるという．

上で見た通り，条件 (7.32) が満たされなくても，(7.31) において $i \to \infty$ のときに発散する項の係数が 0 であれば，e_i は有界である．これは数学的には正しいが，コンピュータで数値解を計算するときは，本来は 0 になるはずのものが，誤差の影響で（絶対値は非常に小さいが）0 にならないことは起こり得る．この結果，数値解が発散することになるから，条件 (7.32) は数値解が有界であるための「必要十分」条件に相当すると考えるべきである．

なお，上の安定性の議論は f が恒等的に 0 であるという特別な場合に行なったものであり，一般の f に対して安定かどうかは明らかではない．しかしながら，一般の f についても，定義 7.10 がある程度は有効であることがわかっており，一般の f に対する安定性も定義 7.10 で行なうのが普通である．

7.5.3 各種の公式の安定性

アダムス - バッシュフォース法では，段数 k にかかわらず，$\alpha_1 = 1, \alpha_j = 0$ ($j = 2, 3, \cdots, k-1$) であったので，特性方程式は $\lambda^k - \lambda^{k-1} = 0$ であり，その解は $\lambda = 0$ と $\lambda = 1$ となって，後者の重複度は 1 である．したがって，アダムス - バッシュフォース法は安定である．同様に，アダムス - モールトン法も安定であることがわかる．

一方，中点法の特性方程式 $\lambda^2 - 1 = 0$ の解 $\lambda = \pm 1$ の重複度は 1 であるので，定義上は安定である．しかしながら，次の例が示すように，実際には状況は微妙である．

例題 7.4

常微分方程式
$$x'(t) = \sqrt{x(t)} \{1 - x(t)\}^3, \quad x(0) = 0.5 \quad (7.33)$$
に対して，中点法と 2 次のアダムス - バッシュフォース法で近似解を計算し，結果を比較せよ．

【解】 中点法と 2 次のアダムス - バッシュフォース法で，ともに $h = 0.1$ とし，

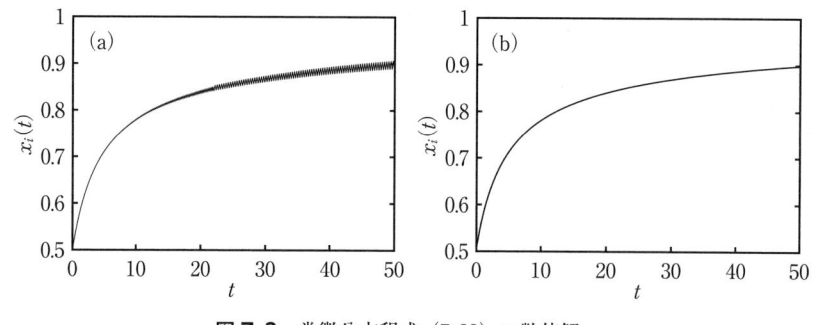

図 7.3 常微分方程式 (7.33) の数値解
(a) 中点法
(b) 2次のアダムス-バッシュフォース法

$0 \leq t \leq 50$ の範囲で計算した結果を図 7.3 に示す.

図(a)の中点法では数値解の振動が観察される.一方,図(b)の2次のアダムス-バッシュフォース法で解いた数値解には振動が現れない. □

例題 7.4 の図 7.3(a) において,中点法による近似解の振動は特性方程式の解 $\lambda = -1$ に起因している.なぜなら,定理 7.9 により,近似解に $(-1)^i$ という減衰しない振動する項が含まれるためである.これが誤差の累積と f によって拡大し,図 7.3 に見られるような振動となって観測される.

なお,一般に,陰解法は陽解法に比べて数値的には安定であり,このような振動は現れにくい.

7.6 連立常微分方程式と高階常微分方程式

7.6.1 連立常微分方程式

この節では,次のような形の連立常微分方程式について考察する.

$$\begin{cases} x'(t) = f(x(t), y(t)) \\ y'(t) = g(x(t), y(t)) \\ x(t_0) = x_0, \quad y(t_0) = y_0 \end{cases} \quad (7.34)$$

7.6 連立常微分方程式と高階常微分方程式

ここで, $f(x, y)$, $g(x, y)$ は与えられた関数, x_0, y_0 は与えられた定数（初期値）である.

このタイプの連立微分方程式は, ベクトル記号で記述すると見通しが良くなる. すなわち,

$$\bm{x}(t) = \begin{pmatrix} x(t) \\ y(t) \end{pmatrix}, \quad \bm{f}(\bm{x}) = \bm{f}(x, y) = \begin{pmatrix} f(x, y) \\ g(x, y) \end{pmatrix}, \quad \bm{x}_0 = \begin{pmatrix} x_0 \\ y_0 \end{pmatrix}$$

とおき, (7.34) を

$$\begin{cases} \bm{x}'(t) = \bm{f}(\bm{x}(t)) \\ \bm{x}(t_0) = \bm{x}_0 \end{cases} \tag{7.35}$$

と書き換える. この書き換えにより, 未知関数や方程式の個数を 2 に限る必要はなくなり, 一般の個数でも同じ形式で扱えるようになる.

この (7.35) の数値解法は, 単独の常微分方程式の解法と同様の形で表せる. すなわち, オイラー法は,

$$\bm{x}_{i+1} = \bm{x}_i + h\bm{f}(\bm{x}_i) \qquad (i = 0, 1, \cdots, N-1)$$

である（単独の常微分方程式に対するオイラー法と比較してほしい）. ここで, 常微分方程式 (7.35) を時間区間 $t_0 \leq t \leq T$ で考え（$T > 0$ は事前に与える定数）, h と t_i は以前と同じく (7.12) で定めた. また, 近似解 $\bm{x}_i$ は, ベクトル記号とスカラー記号の違いだけで, 単独の常微分方程式の場合と同様に

$$\bm{x}_i = \text{時刻 } t_i \text{ での解 } \bm{x}(t_i) \text{ の近似値}$$

とした.

同様に, 2 次のルンゲ-クッタ法は

$$\begin{cases} \bm{x}_{i+1} = \bm{x}_i + h(\alpha \bm{k}_1 + \beta \bm{k}_2) \\ \bm{k}_1 = \bm{f}(\bm{x}_i) \\ \bm{k}_2 = \bm{f}(\bm{x}_i + qh\bm{k}_1) \end{cases}$$

4 次のルンゲ-クッタ法は

$$\begin{cases} \boldsymbol{x}_{i+1} = \boldsymbol{x}_i + h(\alpha \boldsymbol{k}_1 + \beta \boldsymbol{k}_2 + \gamma \boldsymbol{k}_3 + \delta \boldsymbol{k}_4) \\ \boldsymbol{k}_1 = \boldsymbol{f}(\boldsymbol{x}_i) \\ \boldsymbol{k}_2 = \boldsymbol{f}(\boldsymbol{x}_i + qh\boldsymbol{k}_1) \\ \boldsymbol{k}_3 = \boldsymbol{f}(\boldsymbol{x}_i + rh\boldsymbol{k}_2 + sh\boldsymbol{k}_1) \\ \boldsymbol{k}_4 = \boldsymbol{f}(\boldsymbol{x}_i + uh\boldsymbol{k}_3 + vh\boldsymbol{k}_2 + wh\boldsymbol{k}_1) \end{cases}$$

と表せる．

要するに，連立常微分方程式に対する数値解法は，いままでの解法をベクトル記号を使って書き直すだけであり，関連する定理の証明もほぼ同様にできる．

7.6.2 高階常微分方程式

高階の常微分方程式は，連立常微分方程式に書き直すことにより，上記の方法で扱うことができる．

例えば，2階導関数を含む常微分方程式

$$x''(t) = f(x(t), x'(t))$$

を考えよう．これは，$y(t) = x'(t)$ とおくことにより，連立常微分方程式

$$\begin{cases} x'(t) = y(t) \\ y'(t) = f(x(t), y(t)) \end{cases}$$

と変形できる．したがって，上で述べた数値解法が適用できる．

3階導関数を含む

$$x'''(t) = f(x(t), x'(t), x''(t))$$

の形の常微分方程式の場合は，$y(t) = x'(t)$，$z(t) = y'(t)$ とおけば，

$$\begin{cases} x'(t) = y(t) \\ y'(t) = z(t) \\ z'(t) = f(x(t), y(t), z(t)) \end{cases}$$

と変形できる．同様に，n 階の常微分方程式

$$x^{(n)}(t) = f(x(t), x'(t), \cdots, x^{(n-1)}(t))$$

は，n 個の未知関数からなる 1 階の連立常微分方程式に変形できる．

例題 7.5

平らな板の上に重りをおき，左端の壁とバネでつなぐ（図 7.4 参照）．水平な座標軸を設定し，バネが自然な位置（伸びても縮んでもいない状態）の重りの位置を $x = 0$ とする．

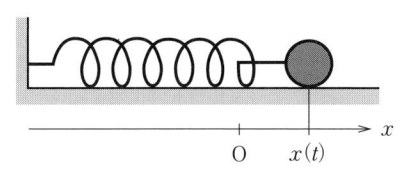

図 7.4 バネの振動の概念図

重りを右に移動させて手を離すと，重りが運動を始める．

時刻 t での重りの位置を $x(t)$ とするとき，常微分方程式
$$m x''(t) = -k x(t) - c x'(t)$$
が成立する．ここで，$m > 0$ は重りの質量，$k > 0$ はバネ定数（バネを単位長さ伸ばすのに必要な力），$c \geq 0$ は運動系にはたらく抵抗係数である．バネから受ける力はバネの伸びに比例し（フックの法則），抵抗は重りの速度に比例すると仮定した．ここで，$y(t) = x'(t)$，$a = k/m > 0$，$b = c/m \geq 0$ とおくと，
$$\begin{cases} x'(t) = y(t) \\ y'(t) = -a x(t) - b y(t) \end{cases}$$
を得る．これを 4 次のルンゲ - クッタ法で数値計算せよ．

【解】 ステップ幅は $h = 0.01$ とし，常微分方程式内の定数は $a = 1$，$b = 0$，0.1，2.5 とした計算結果を図 7.5 に示す．b は抵抗を表すので，抵抗がない場合，小さい場合，大きい場合の 3 通りを計算することになる．

この図より，$b = 0$ のときは周期的に運動し，$b = 0.1$ では徐々に振幅が小さくなる減衰振動であり，$b = 2.5$ では振動することなく単調に重りが $x = 0$ の位置へ戻ることが観察できる．なお，（減衰）振動をするかしないかの境目は，数学的な解析から $b = \sqrt{4/a}$ であることが示される．

図 7.5 4次のルンゲ-クッタ法によるバネの振動のシミュレーション．定数 a の値はいずれも $a=1$ で，ステップ幅は $h=0.01$ である．

□

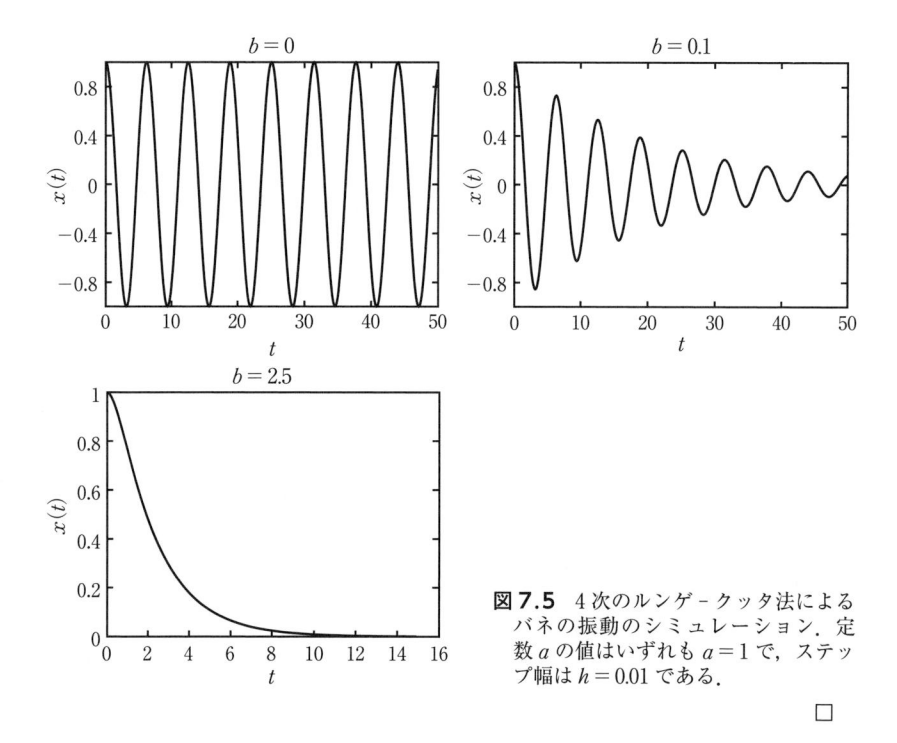

7.7 非自励系

7.7.1 非自励系の常微分方程式

ここまでは，自励系の常微分方程式を扱ったが，本節では非自励系の常微分方程式の初期値問題

$$\begin{cases} x'(t) = f(t, x(t)) \\ x(t_0) = x_0 \end{cases} \tag{7.36}$$

を扱う．

自励系では，初期時刻が変わったとしても，解を初期時刻の差の分だけ時間シフトすれば，解の様相には変化がない．一方，非自励系では初期時刻の値が重要である．初期時刻を例えば $t_0 = 0$ とした場合と $t_0 = 1$ とした場合では，初期値が同じであっても解の様相が変わりうる．

7.7 非自励系

この節では，非自励系の常微分方程式の解法として，オイラー法，2次のルンゲ-クッタ法，4次のルンゲ-クッタ法について簡潔に述べる．自励系と非自励系の数値解法の考え方は同様であるが，非自励系の解法の導出のためには偏微分が現れる．そのため，偏微分に関する知識を必要とする読者は，最低限のことを次章の8.1.1項にまとめておいたので，まずは目を通して頂きたい．

7.7.2 非自励系に対する数値解法

オイラー法の考え方は単純である．すでに述べた自励系に対する解法を
$$x_{i+1} = x_i + h f(t_i, x_i) \quad (i = 0, 1, \cdots, N-1)$$
と変更するだけである．なぜならば，オイラー法とは(7.36)の常微分方程式の左辺の $x'(t)$ を差分を用いて近似を行なうというもので，右辺に対しては $f(t, x)$ の t_i における値をそのまま使うからである．

次に，(7.36)に対する2次と4次のルンゲ-クッタ法を扱うため，陽的な1段法の公式(7.14)を
$$x_{i+1} = x_i + h \Phi(t_i, x_i, h) \quad (i = 0, 1, \cdots, N-1)$$
と修正する．この公式に対して，2次のルンゲ-クッタ法は(7.21)と同様に，
$$\begin{cases} \Phi(t, x, h) = \alpha k_1 + \beta k_2 \\ k_1 = f(t, x) \\ k_2 = f(t + ph, x + qhk_1) \end{cases}$$
とする．ここで，定数 α, β, p, q は，次数が2となるように，次のように決める．

まず，テイラー展開より，
$$\begin{aligned} k_2 &= f(t + ph, x + qhk_1) \\ &= f(t, x) + ph f_t(t, x) + qhk_1 f_x(t, x) + O(h^2) \end{aligned}$$
である．一方，非自励系常微分方程式に対する初期値問題(7.36)の解 $x(t)$ に対して，

$$x(t_{i+1}) = x(t_i + h)$$
$$= x(t_i) + h\,x'(t_i) + \frac{h^2}{2}\,x''(t_i) + O(h^3)$$
$$= x(t_i) + h\,f(t_i, x(t_i))$$
$$\qquad + \frac{h^2}{2}\{f_t(t_i, x(t_i)) + f_x(t_i, x(t_i))f(t_i, x(t_i))\} + O(h^3)$$

である．この最後の変形において，合成関数の微分により

$$x''(t) = \frac{d}{dt}\{f(t, x(t))\}$$
$$= f_t(t, x(t)) + f_x(t, x(t))x'(t)$$
$$= f_t(t, x(t)) + f_x(t, x(t))f(t, x(t))$$

を用いた．

ここで，非自励系に対し，$t = t_i$ に局所離散化誤差を

$$\tau_i := \frac{x(t_{i+1}) - x(t_i)}{h} - \Phi(t_i, x(t_i), h)$$

で定義しよう．これは，自励系に対する局所離散誤差の定義式 (7.15) において，$\Phi(x(t_i), h)$ を $\Phi(t_i, x(t_i), h)$ で置き換えたものである．これを用いて計算を続行すれば，

$$h\tau_i = x(t_{i+1}) - \{x(t_i) + h\,\Phi(t_i, x(t_i), h)\}$$
$$= \Big[x(t_i) + h\,f(t_i, x(t_i))$$
$$\qquad + \frac{h^2}{2}\{f_t(t_i, x(t_i)) + f_x(t_i, x(t_i))f(t_i, x(t_i))\} + O(h^3)\Big]$$
$$\qquad - [x(t_i) + h[\alpha\,f(t_i, x(t_i))$$
$$\qquad\qquad + \beta\{f(t_i, x(t_i) + ph\,f_t(t_i, x_i) + qh\,f_x(t_i, x(t_i))f(t_i, x(t_i))\}$$
$$\qquad\qquad + O(h^2)\}]]$$
$$= -(\alpha + \beta - 1)h\,f(t_i, x(t_i)) - \Big(\beta p - \frac{1}{2}\Big)h^2 f_t(t_i, x(t_i))$$
$$\qquad + \Big(\beta q - \frac{1}{2}\Big)h^2 f_x(t_i, x(t_i))f(t_i, x(t_i)) + O(h^3)$$

である．したがって，解法

$$\begin{cases} x_{i+1} = x_i + h(\alpha k_1 + \beta k_2) \\ k_1 = f(t_i, x_i) \\ k_2 = f(t_i + ph, x_i + qhk_1) \end{cases}$$

において，

$$\alpha + \beta = 1, \qquad \beta p = \beta q = \frac{1}{2} \tag{7.37}$$

であれば $\tau_i = O(h^2)$ となり，次数2の公式ができる．

関係式(7.37)を満たす例として，

$$\alpha = \beta = \frac{1}{2}, \qquad p = q = 1$$

および

$$\alpha = 0, \qquad \beta = 1, \qquad p = q = \frac{1}{2}$$

がある．自励系の数値解法と同様に，前者の通り定数を選んだ方法を**ホイン法**，後者を**改良オイラー法**といい，総称して**2次のルンゲ-クッタ法**という．

4次のルンゲ-クッタ法は途中の計算を省略して，結果だけを述べることにする．解法は，

$$\begin{cases} x_{i+1} = x_i + h(\alpha k_1 + \beta k_2 + \gamma k_3 + \delta k_4) \\ k_1 = f(t_i, x_i) \\ k_2 = f(t_i + ph, x_i + qhk_1) \\ k_3 = f(t_i + rh, x_i + shk_2 + thk_1) \\ k_4 = f(t_i + uh, x_i + vhk_3 + whk_2 + zhk_1) \end{cases}$$

であり，定数 $\alpha, \beta, \gamma, \delta, p, q, r, s, t, u, v, w, z$ を

$$\alpha = \delta = \frac{1}{6}, \qquad \beta = \gamma = \frac{1}{3}$$

$$p = q = r = s = \frac{1}{2}, \qquad t = w = z = 0, \qquad u = v = 1$$

と選んだ方法を**ルンゲの1/6法**，

$$\alpha = \delta = \frac{1}{8}, \qquad \beta = \gamma = \frac{3}{8}$$

$$p = q = -t = \frac{1}{3}, \qquad r = \frac{2}{3}, \qquad s = u = v = -w = z = 1$$

と選んだ方法を**クッタの 1/8 法**と呼び，総称して **4 次のルンゲ - クッタ法**という．

第8章

偏微分方程式

　多変数関数を未知とする偏微分方程式は，物理，化学，生物や工学などの諸分野に現れる様々な現象を記述する．偏微分方程式においては，解を具体的に求めることができるのは，ごく一部の特殊な方程式に限られる．そのため，解の形状や挙動などの性質を調べるためには数値計算は必須であり，逆にいえば，コンピュータがその力を存分に発揮できる対象である．例えば，地球温暖化の予測や地底にある石油の回収のための数値シミュレーションなどは，現象を偏微分方程式を用いてモデル化し，コンピュータで大規模な数値計算を行なった例である．このような大規模な数値計算を実行するためには，コンピュータの処理能力の向上とともに，数学的な理論を用いて効率的な数値計算法を開発する必要がある．

　本章では，比較的その扱いが容易な，ポアソン方程式と熱方程式に対する数値解法について解説する．

8.1 偏微分と偏微分方程式

8.1.1 偏微分

偏微分方程式について議論する前に，偏微分と偏導関数について簡単にまとめておこう．

関数 $y = f(x_1, x_2, \cdots, x_n)$ を考える．この関数は n 個の独立変数 $x_1, x_2, \cdots, x_n$ の値が定まったとき，従属変数 y の値が決まるというもので，これを**多変数関数**または n 変数関数という．本書では，これらの変数 $x_1, x_2, \cdots, x_n, y$ は実数の値をとるものとする．

独立変数の 1 つ x_k に着目し，他の独立変数を定数とみなして x_k で微分したものを，y の x_k に関する**偏導関数**といい，$\dfrac{\partial y}{\partial x_k}$ あるいは簡単に y_{x_k} で表す．この偏導関数はまた多変数関数となるから，これをさらに x_l で偏微分したものを $\dfrac{\partial^2 y}{\partial x_l \partial x_k}$ または $y_{x_k x_l}$ で表し，2 階の偏導関数という．$k = l$ のとき，前者の記号は $\dfrac{\partial^2 y}{\partial x_k^2}$ とも書く．3 階以上の偏導関数も同様に定義される．

関数 $y = f(x_1, x_2, \cdots, x_n)$ が C^m 級であるとは，m 階までのすべての偏導関数が存在して，それらが連続であるときをいう．一般に，$y_{x_k x_l}$ と $y_{x_l x_k}$ は異なるが，$y = f(x_1, x_2, \cdots, x_n)$ が C^2 級であれば，$y_{x_k x_l} = y_{x_l x_k}$ が成立する．より一般に，$y = f(x_1, x_2, \cdots, x_n)$ が C^m 級であれば，m 階偏導関数は偏微分の順序を変えても同じ結果が得られる．

例

$z = x^2 + xy^2 - y^3$ のとき，z_x は y を定数とみなして z を x で微分したものであるので，

$$z_x = \frac{\partial z}{\partial x} = 2x + y^2$$

である．同様に，

$$z_y = \frac{\partial z}{\partial y} = 2xy - 3y^2$$

となる．また，2階の偏導関数は

$$z_{xx} = (2x+y^2)_x = 2, \qquad z_{xy} = (2x+y^2)_y = 2y$$
$$z_{yx} = (2xy-3y^2)_x = 2y, \qquad z_{yy} = (2xy-3y^2)_y = 2x-6y$$

である．特に，$z_{xy} = z_{yx}$ を満たしていることに注意する． □

8.1.2 偏微分方程式

偏微分方程式とは，独立変数が2個以上の未知関数に対し，偏導関数が満たすべき条件を等式の形で与えたものである．偏微分方程式は理工学の幅広い分野に現れ，いろいろな法則を記述するときに用いられる．通常，時間変数を t，空間変数を x, y などで表す．

2変数の未知関数に対する代表的な（線形）偏微分方程式の例をいくつかあげておこう．

輸送方程式　　時間変数 t と空間変数 x を独立変数とする関数 $z=z(x,t)$ が満たすべき条件を

$$\frac{\partial z}{\partial t} + c\frac{\partial z}{\partial x} = 0$$

の形で表したものである．これは例えば，物質が速度 c で流れていくときの密度の変化を記述する方程式である．

輸送方程式には1階の偏導関数しか現れないので，これは1階偏微分方程式の例である．最高階が2階の偏導関数が現れる偏微分方程式を2階偏微分方程式といい，その形によって**楕円型**，**放物型**，**双曲型**に分類される．

ラプラス方程式　　x と y を独立変数とする関数 $z = z(x,y)$ が満たすべき条件を，

$$\frac{\partial^2 z}{\partial x^2} + \frac{\partial^2 z}{\partial y^2} = 0$$

の形で表したもので，楕円型偏微分方程式の例である．ラプラス方程式を満たす関数を**調和関数**という．ラプラス方程式は電磁気学，天文学，複素関数論など，自然科学の多くの分野で自然に現れる重要な方程式である．

熱方程式　x と t を独立変数とする関数 $z = z(x,t)$ が満たすべき条件を,

$$\frac{\partial z}{\partial t} - \frac{\partial^2 z}{\partial x^2} = 0$$

の形で表したもので, 放物型偏微分方程式の例である. 熱方程式は熱や物質が拡散していく過程を記述しており, **拡散方程式**とも呼ばれる.

波動方程式　x と t を独立変数とする関数 $z = z(x,t)$ が満たすべき条件を

$$\frac{\partial^2 z}{\partial t^2} - \frac{\partial^2 z}{\partial x^2} = 0$$

の形で表したもので, 双曲型偏微分方程式の例である. これは波が弾性体などの媒体を伝わる様子を記述する偏微分方程式である.

実際の問題では, さらに高階の方程式を考えたり, 非線形項や外力項など他の項を加えたより複雑な方程式を扱うことが多い. 偏微分方程式には多くの種類があり, 偏微分方程式のタイプや独立変数の数によって, 解の性質や問題の困難さは大きく異なる. そのため, 偏微分方程式の数値解法においては, 方程式の形に応じて異なる手法を用いるのが一般的である.

コンピュータによる偏微分方程式の数値解法には, **差分法**, **有限要素法**, **有限体積法**, **境界要素法**, **スペクトル法**などの方法があり, それぞれに長所や短所がある. 本書ではこれらのうち, 扱いが最も容易な差分法について解説する.

8.1.3 差 分 法

差分法とは, 微分を差分商で近似する方法である. 微分は極限を使って,

$$\begin{aligned}f'(a) &= \lim_{h \to 0} \frac{f(a+h) - f(a)}{h} \\ &= \lim_{h \to 0} \frac{f(a) - f(a-h)}{h} \\ &= \lim_{h \to 0} \frac{f(a+h) - f(a-h)}{2h}\end{aligned}$$

8.1 偏微分と偏微分方程式

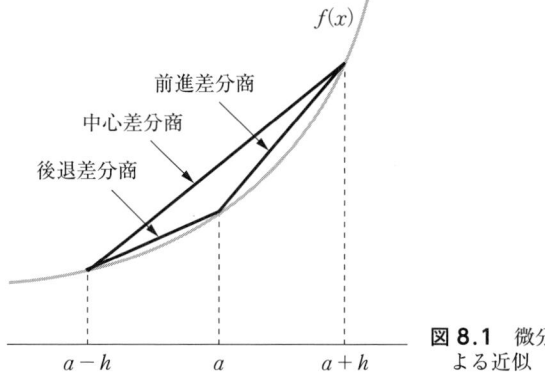

図 8.1 微分係数の差分商による近似

などと表現できる．すなわち，$f'(a)$ の値は十分小さな値 $h > 0$ を用いて，

$$f'(a) \simeq \begin{cases} \dfrac{f(a+h) - f(a)}{h} \\ \dfrac{f(a) - f(a-h)}{h} \\ \dfrac{f(a+h) - f(a-h)}{2h} \end{cases} \tag{8.1}$$

などで近似できる．この右辺の 3 つの近似式を，それぞれ $f'(a)$ の**前進差分商**，**後退差分商**，**中点差分商**と呼び，これらは目的に応じて使い分ける．

偏微分についても，1 つの変数に着目して他の変数を定数とみなせば，同様にして偏微分係数を差分商で近似できる．h が小さいほど近似の精度が高まることになるが，h を小さくし過ぎると桁落ちが生じるため，h を極端に小さくはとれないことに注意しよう．

2 階微分係数は中点差分商

$$f''(a) \simeq \frac{f(a+h) - 2f(a) + f(a-h)}{h^2} \tag{8.2}$$

で近似することが多い．これが $f''(a)$ の近似式である理由は次の通りである．

関数 $f(x)$ が $\mathbf{R}$ 上で C^4 級であると仮定し，4 次までのテイラー展開式を用いると，

$$f(a+h) = f(a) + hf'(a) + \frac{h^2}{2}f''(a) + \frac{h^3}{6}f'''(a) + \frac{h^4}{24}f^{(4)}(c)$$

$$f(a-h) = f(a) - hf'(a) + \frac{h^2}{2}f''(a) - \frac{h^3}{6}f'''(a) + \frac{h^4}{24}f^{(4)}(d)$$

なる $c \in (a, a+h)$, $d \in (a-h, a)$ が存在する．この2式の辺々を加え，$2f(a)$ を左辺に移項し，h^2 で割ると

$$\frac{f(a+h) - 2f(a) + f(a-h)}{h^2} = f''(a) + \frac{h^2}{24}\{f^{(4)}(c) + f^{(4)}(d)\}$$

が得られる．ここで $f^{(4)}(x)$ は閉区間 $[a-h, a+h]$ 上で有界であるから，すべての $x \in (a-h, a+h)$ に対して $|f^{(4)}(x)| \leq C$ となる定数 $C > 0$ が存在するので，

$$\left|f''(a) - \frac{f(a+h) - 2f(a) + f(a-h)}{h^2}\right| = \frac{h^2}{24}\left|f^{(4)}(c) + f^{(4)}(d)\right| \leq \frac{Ch^2}{12} \tag{8.3}$$

が成り立つ．したがって，

$$f''(a) = \lim_{h \to 0} \frac{f(a+h) - 2f(a) + f(a-h)}{h^2}$$

となり，$f''(a)$ が (8.2) のように近似できると考えてよいことになる．

不等式 (8.3) は $f''(a)$ の差分商による近似誤差が h^2 の定数倍より小さいことを表している．前章で導入したランダウの記号を用いると近似誤差は $O(h^2)$ であり，このとき近似誤差の次数は 2 であるという．

1 階微分 $f'(a)$ の 3 種類の差分商 (8.1) に関しては，$f(x)$ が C^2 級であれば前進差分商と後退差分商の近似誤差は $O(h)$，$f(x)$ が C^4 級であれば中心差分商の近似誤差は $O(h^2)$ である．いずれも，テイラー展開を使った同様の計算によって容易に示すことができるので試してほしい．

8.2 ポアソン方程式に対する差分法

8.2.1 ポアソン方程式

d 次元ユークリッド空間 $\mathbf{R}^d$ 内の有界領域 Ω をとり，Ω 上の楕円型偏微分方程式

8.2 ポアソン方程式に対する差分法

$$-\Delta u(\boldsymbol{x}) = f(\boldsymbol{x}) \qquad (\boldsymbol{x} \in \Omega) \tag{8.4}$$

を考える．ここで，$f: \Omega \to \mathbf{R}$ は与えられた関数であり，Ω の要素を $\boldsymbol{x} = (x_1, x_2, \cdots, x_d)$ と書くとき，

$$\Delta u := \frac{\partial^2 u}{\partial x_1{}^2} + \frac{\partial^2 u}{\partial x_2{}^2} + \cdots + \frac{\partial^2 u}{\partial x_d{}^2}$$

と定義する．この記号 Δ を**ラプラス作用素**あるいは**ラプラシアン**という．

方程式 (8.4) は**ポアソン方程式**とよばれる物理学的にも重要な方程式であり，例えば電磁気学においては電荷の分布 f とそれによって定まる電位 u の関係を記述する方程式である．方程式 (8.4) の解が一意的に定まるためには，Ω の境界 $\partial\Omega$ において**境界条件**と呼ばれる適当な条件を課す必要があるが，ここでは**ディリクレ境界条件**と呼ばれる条件を課すことにする．この条件は境界 $\partial\Omega$ 上の u の値を指定するものである．境界条件から解を求める問題を**境界値問題**という．

8.2.2　2 点境界値問題

空間 1 次元 ($d = 1$) の場合には，ポアソン方程式は 2 階の常微分方程式になる．この章の主題は偏微分方程式の数値解法であるが，差分法による数値解法の考え方を述べるために，まず 1 次元の場合を考えて領域を $\Omega = (a, b)$ とし，次のように問題を定式化する．

問題 A

与えられた関数 $f: (a, b) \to \mathbf{R}$ と定数 u_a, u_b に対して，
$$\begin{cases} -u''(x) = f(x) & (a < x < b) \\ u(a) = u_a, \quad u(b) = u_b \end{cases}$$
を満たす関数 $u: (a, b) \to \mathbf{R}$ を求めよ．

問題 A を **2 点境界値問題**といい，差分法による数値解法は以下の通りである．

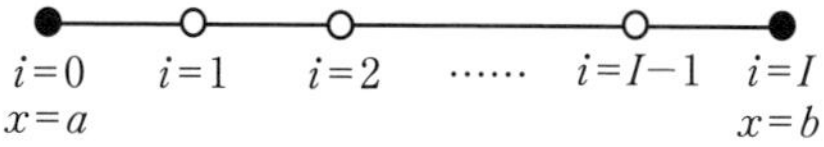

図 8.2 ディリクレ境界条件下での 1 次元格子.黒丸における近似値は境界条件から決まる.白丸における近似値は差分方程式から計算する.

自然数 $I \in \mathbf{N}$ を与えて区間 (a, b) を I 等分し,その分点 x_i を

$$x_i = a + i\varDelta x \quad (i = 0, 1, \cdots, I), \qquad \varDelta x = \frac{b-a}{I}$$

とする(図 8.2 参照).分点 $x = x_i$ における問題 A の解 $u(x_i)$ の近似値 u_i を,

$$-\frac{u_{i+1} - 2u_i + u_{i-1}}{\varDelta x^2} = f(x_i) \qquad (i = 1, 2, \cdots, I-1) \quad (8.5)$$

$$u_0 = u_a, \qquad u_I = u_b \quad (8.6)$$

を満たすように定める.ここで,$\varDelta x$ は分点の差分(すなわち分割した区間の幅)を表しており,ラプラス作用素 Δ とは関係がない.まぎらわしいが,ラプラス作用素には立体の記号 Δ を,差分には斜体の記号 $\varDelta$ を用いて区別するので注意してほしい.

境界に対応する $i = 0, I$ での u の値は境界条件 (8.6) より決まる.一方,内点に対応する $i = 1, 2, \cdots, I-1$ での u_i の値は,差分方程式 (8.5) から決まる.これは未知数 $u_1, u_2, \cdots, u_{I-1}$ に対する連立方程式となる.これらの未知数を成分とするベクトルを $\boldsymbol{u}$ で表すと,(8.5) は連立 1 次方程式

$$A\boldsymbol{u} = \varDelta x^2 \boldsymbol{f} + \boldsymbol{b} \quad (8.7)$$

と等価になる.ここで,A は $I-1$ 次正方行列

$$A = \begin{pmatrix} 2 & -1 & & & \\ -1 & 2 & -1 & & \\ & \ddots & \ddots & \ddots & \\ & & -1 & 2 & -1 \\ & & & -1 & 2 \end{pmatrix}$$

である.(空白の成分はすべて 0 であり,以下で現れる行列についても同様である.)また,$\boldsymbol{u}, \boldsymbol{f}, \boldsymbol{b}$ は $I-1$ 次元の列ベクトル

$$\boldsymbol{u} = \begin{pmatrix} u_1 \\ u_2 \\ \vdots \\ u_{I-2} \\ u_{I-1} \end{pmatrix}, \quad \boldsymbol{f} = \begin{pmatrix} f(x_1) \\ f(x_2) \\ \vdots \\ f(x_{I-2}) \\ f(x_{I-1}) \end{pmatrix}, \quad \boldsymbol{b} = \begin{pmatrix} u_a \\ 0 \\ \vdots \\ 0 \\ u_b \end{pmatrix}$$

である．

行列 A にガウスの消去法を適用すると，前進過程が終了した段階で

$$A = \begin{pmatrix} 2 & -1 & & & & \\ & \frac{3}{2} & -1 & & & \\ & & \frac{4}{3} & -1 & & \\ & & & \ddots & \ddots & \\ & & & & \frac{I-1}{I-2} & -1 \\ & & & & & \frac{I}{I-1} \end{pmatrix}$$

となる．これより，連立 1 次方程式 (8.7) が一意的に解けることがわかる．

実際の計算においては，通常は $I = 100 \sim 1000$ 程度とすることが多く，行列の大きさもこの程度である．このような規模の連立 1 次方程式をコンピュータで解くときは，第 4 章で説明した LU 分解などの直接法を用いるのが一般的である．

8.2.3 差分法の誤差

差分方程式の解 u_i は微分方程式の解 $u(x_i)$ の近似値であることが期待される．実際，次の定理が成り立つことが知られている．

> **定理 8.1（差分法の収束性）** 問題 A の解を $u(x)$ とする．このとき，分割幅 Δx とは無関係に定まる定数 $C > 0$ が存在して，
> $$\max_{0 \leq i \leq I} |u_i - u(x_i)| \leq C \Delta x^2$$
> が成り立つ．したがって，差分解の近似精度は次数 2 である．

証明は参考文献 [11], [12] を参照して頂くことにして，ここではこの定理が正しいことを計算例を用いて確認しよう．

例題 8.1

境界値問題

$$\begin{cases} -u''(x) = \dfrac{\pi^2}{4} \sin \dfrac{x+1}{2}\pi & (-1 < x < 1) \\ u(-1) = u(1) = 0 \end{cases}$$

を差分法を用いて解き，そのときの誤差について調べよ．

【解】 この問題の解は

$$u(x) = \sin \dfrac{x+1}{2}\pi \quad (-1 \leq x \leq 1)$$

と表されることに注意し，これを使って，区間 $[-1, 1]$ の分割数 I と数値解の相対誤差

$$\mathrm{e}(I) := \dfrac{\max\limits_{0 \leq i \leq I} |u_i - u(x_i)|}{\max\limits_{0 \leq i \leq I} |u(x_i)|}$$

の関係を調べる．すると，表 8.1 のような数値実験の結果が得られる．

表 8.1 差分法による誤差

分割数 I	相対誤差 $\mathrm{e}(I)$	$\mathrm{e}(I)/\Delta x^2$
10	8.26542×10^{-3}	0.206635
20	2.05871×10^{-3}	0.205871
40	5.14200×10^{-4}	0.205680
80	1.28520×10^{-4}	0.205633
160	3.21282×10^{-5}	0.205621

この結果より，定理 8.1 に示した理論通り，誤差 $\mathrm{e}(I)$ は Δx^2 にほぼ比例（分割数 I の 2 乗にほぼ反比例）することが観察される． □

8.2.4 長方形領域における境界値問題

次に，2 次元問題 $(d=2)$ について考えよう．一般的な領域においては，

8.2 ポアソン方程式に対する差分法

有限要素法や有限体積法が適しているが，計算領域を長方形に限ると差分法が適用できる．ここでは，領域を $\Omega = (a,b) \times (c,d) \subset \mathbf{R}^2$ として次の問題を考察する．

問題 B

与えられた関数 $f : \Omega \to \mathbf{R}$, $u_\mathrm{B} : \partial\Omega \to \mathbf{R}$ に対して
$$-u_{xx}(x,y) - u_{yy}(x,y) = f(x,y), \quad (x,y) \in \Omega$$
$$u(x,y) = u_\mathrm{B}(x,y), \quad (x,y) \in \partial\Omega$$
を満たす関数 $u : \Omega \to \mathbf{R}$ を求めよ．ここで，$\partial\Omega$ は Ω の境界
$$\partial\Omega = \{(x,y) \mid x = a, b, c \leq y \leq d\} \cup \{(x,y) \mid a \leq x \leq b, y = c, d\}$$
を表し，$u_\mathrm{B}(x,y)$ は境界 $\partial\Omega$ において与えられた u の値を表す[1]．

自然数 $I, J \in \mathbf{N}$ に対して，
$$\Delta x = \frac{b-a}{I}, \quad \Delta y = \frac{d-c}{J}$$
とおき，差分格子を
$$x_i = a + i\Delta x \quad (i = 0, 1, \cdots, I)$$
$$y_j = c + j\Delta y \quad (j = 0, 1, \cdots, J)$$
で導入する．そして，格子点 $(x,y) = (x_i, y_j)$ における問題 B の解 $u(x_i, y_j)$ の近似値 $u_{i,j}$ を次で決める（図 8.3 参照）．

$$\begin{cases} -\dfrac{u_{i+1,j} - 2u_{i,j} + u_{i-1,j}}{\Delta x^2} - \dfrac{u_{i,j+1} - 2u_{i,j} + u_{i,j-1}}{\Delta y^2} = f(x_i, y_j) \\ \qquad (i = 1, 2, \cdots, I-1 \,;\, j = 1, 2, \cdots, J-1) \\ u_{i,0} = u_\mathrm{B}(x_i, y_0), \quad u_{i,J} = u_\mathrm{B}(x_i, y_J) \\ u_{0,j} = u_\mathrm{B}(x_0, y_j), \quad u_{I,j} = u_\mathrm{B}(x_I, y_j) \\ \qquad (i = 0, 1, \cdots, I \,;\, j = 0, 1, \cdots, J) \end{cases} \tag{8.8}$$

---

1) $u_\mathrm{B}(x,y)$ の B は境界を意味する Boundary の頭文字である．

第8章 偏微分方程式

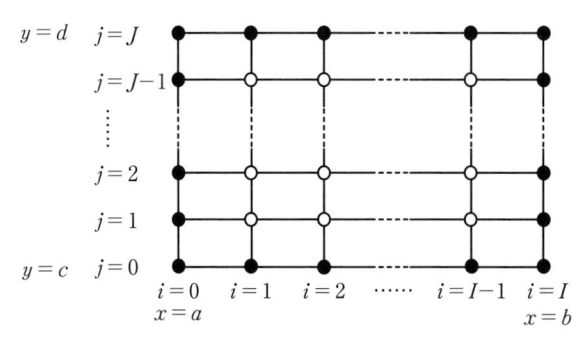

図8.3 ディリクレ境界条件の下での2次元格子.黒丸における値は境界条件から決まる.白丸における近似値は差分方程式から計算する.

(8.8)を連立1次方程式の形にするため，$(I-1) \times (J-1)$ 個の未知数 $u_{i,j}$ ($i = 1, 2, \cdots, I-1$; $j = 1, 2, \cdots, J-1$) に対して，次のように番号付けを行なう.

$$u_0 = u_{1,1}, \quad u_1 = u_{2,1}, \quad \cdots \quad u_{I-2} = u_{I-1,1}$$
$$u_{I-1} = u_{1,2}, \quad u_I = u_{2,2}, \quad \cdots \quad u_{2I-3} = u_{I-1,2}$$
$$\vdots \qquad\qquad \vdots \qquad\qquad\qquad \vdots$$
$$u_{(J-2)(I-1)} = u_{1,J-1}, \quad u_{(J-2)(I-1)+1} = u_{2,J-1}, \quad \cdots \quad u_{(J-1)(I-1)-1} = u_{I-1,J-1}$$

すると，(8.8)は連立1次方程式

$$A\boldsymbol{u} = \boldsymbol{f} + \boldsymbol{b}$$

の形に表せる．ここで A は $(I-1)(J-1)$ 次の正方行列

$$A = \begin{pmatrix} B & -C & & & \\ -C & B & -C & & \\ & \ddots & \ddots & \ddots & \\ & & -C & B & -C \\ & & & -C & B \end{pmatrix}$$

ただし，

$$B = \begin{pmatrix} \frac{2}{\Delta x^2} + \frac{2}{\Delta y^2} & -\frac{1}{\Delta x^2} & & & \\ -\frac{1}{\Delta x^2} & \frac{2}{\Delta x^2} + \frac{2}{\Delta y^2} & -\frac{1}{\Delta x^2} & & \\ & \ddots & \ddots & \ddots & \\ & & -\frac{1}{\Delta x^2} & \frac{2}{\Delta x^2} + \frac{2}{\Delta y^2} & -\frac{1}{\Delta x^2} \\ & & & -\frac{1}{\Delta x^2} & \frac{2}{\Delta x^2} + \frac{2}{\Delta y^2} \end{pmatrix}$$

$$C = \begin{pmatrix} \frac{1}{\Delta y^2} & & \\ & \ddots & \\ & & \frac{1}{\Delta y^2} \end{pmatrix}$$

であり，$\boldsymbol{u}$, $\boldsymbol{f}$, $\boldsymbol{b}$ は $(I-1)(J-1)$ 次元ベクトル

$$\boldsymbol{u} = \begin{pmatrix} u_0 \\ \vdots \\ u_{(I-1)(J-1)-1} \end{pmatrix}, \quad \boldsymbol{f} = \begin{pmatrix} f(x_1, y_1) \\ \vdots \\ f(x_{I-1}, y_{J-1}) \end{pmatrix}$$

$$\boldsymbol{b} = \begin{pmatrix} \frac{1}{\Delta x^2} \boldsymbol{b}_{x,1} + \frac{1}{\Delta y^2} \boldsymbol{b}_{y,0} \\ \frac{1}{\Delta x^2} \boldsymbol{b}_{x,2} \\ \vdots \\ \frac{1}{\Delta x^2} \boldsymbol{b}_{x,J-2} \\ \frac{1}{\Delta x^2} \boldsymbol{b}_{x,J-1} + \frac{1}{\Delta y^2} \boldsymbol{b}_{y,J} \end{pmatrix}$$

ただし，

$$\boldsymbol{b}_{x,j} = \begin{pmatrix} u_B(x_0, y_j) \\ 0 \\ \vdots \\ 0 \\ u_B(x_I, y_j) \end{pmatrix}, \quad \boldsymbol{b}_{y,j} = \begin{pmatrix} u_B(x_1, y_j) \\ \vdots \\ u_B(x_{I-1}, y_j) \end{pmatrix}$$

である．

I, J の値を $100 \sim 1000$ 程度にすれば，係数行列 A は $10000 \sim 1000000$ 次程度の大きさになる．このような大規模な連立1次方程式をコンピュータで解くときには多くの記憶容量を必要とするため，SOR 法（4.6.4項参照）などの反復法を使うのが一般的である．

例題 8.2

領域を $\Omega = (-1, 1) \times (-1, 1)$ とすると，関数
$$u(x, y) = \cos\left(\frac{\pi x}{2}\right)(1 + y)^3(1 - y)$$
はディリクレ境界条件を満たす．そこで，この u がポアソン方程式を満たすように関数 $f(x, y)$ を与える．このとき，問題 B を差分法で解き，そのときの誤差について調べよ．

【解】 ここで，x, y の分割数 I, J を $I = J = N$ として，分割数 N と数値解の相対誤差
$$\mathrm{e}(N) := \frac{\max_{0 \le i, j \le N} |u_{ij} - u(x_i, y_j)|}{\max_{0 \le i, j \le N} |u(x_i, y_j)|}$$
の関係を調べる．すると，表 8.2 のような計算結果が得られる．

表 8.2 2次元領域における差分法による誤差

分割数 N	相対誤差 $\mathrm{e}(N)$	$\mathrm{e}(N)/\Delta x^2$
10	9.16152×10^{-3}	0.229038
20	2.23557×10^{-3}	0.223557
40	5.60013×10^{-4}	0.224005
80	1.40002×10^{-4}	0.224003

これより，誤差はほぼ N^2 に反比例（$\Delta x^2 = \Delta y^2$ にほぼ比例）することがわかる．
□

例題 8.2 の連立1次方程式は SOR 法で解いた．$N = 80$ での計算において，その加速パラメータ ω の値を $\omega = 1$ とした SOR 法では，解に収束する

までの反復回数は 12324 回であったが，$\omega = 1.94$ のときは 338 回であり，約 36 倍の差がある[2]．この差は，ほぼ計算時間の差と等しい．したがって，SOR 法は ω の値により計算時間が大きく改善されることに注意しよう．

8.3 熱方程式に対する差分法

8.3.1 初期条件と境界条件

未知変数の値が場所 x と時刻 t で決まるものを**時間発展問題**と呼ぶ．本節では，その中で特に重要なものの 1 つである**熱方程式**の数値解法について述べる．

熱方程式は

$$u_t = \kappa \, \Delta u$$

と表せる．未知関数 $u(x,t)$ が温度を表すものとすると，$\kappa > 0$ は熱の伝わりやすさを表す量であり，**拡散係数**と呼ばれる．以下では簡単のため $\kappa = 1$ とするが，κ が 1 以外の定数のときには，空間変数 x を変数変換する（言い換えれば，空間の単位を変える）ことにより，いつでも $\kappa = 1$ とできることを注意しておく．

以下では，領域が閉区間 $[a, b]$ の場合を扱い，このとき，熱方程式は

$$u_t = u_{xx} \tag{8.9}$$

と表せる．境界条件としてディリクレ境界条件を採用すると，次のように定式化できる．

問題 C

関数 $u_a : [0, T] \to \mathbf{R}$, $u_b : [0, T] \to \mathbf{R}$, $u_0 : [a, b] \to \mathbf{R}$ と定数 $T > 0$ が与えられたとき，

---

[2] 収束判定条件により収束までの反復回数は変わるため，これらの回数は参考値として見てほしい．

$$\begin{cases} u_t = u_{xx} & (x \in (a, b), t \in (0, T]) \\ u(a, t) = u_a(t), \quad u(b, t) = u_b(t) & (t \in (0, T]) \\ u(x, 0) = u_0(x) & (x \in (a, b)) \end{cases}$$
(8.10)

を満たす関数 $u : [a, b] \times [0, T] \to \mathbf{R}$ を求めよ．

　関数 u_a, u_b はポアソン方程式の場合と同じく，ディリクレ境界条件における境界値を与えるものである．関数 u_0 は時刻 $t = 0$ における解の値を指定する**初期値**である．問題 C は初期条件と境界条件から解を求める問題であり，**初期値 - 境界値問題**と呼ばれる（図 8.4 参照）．

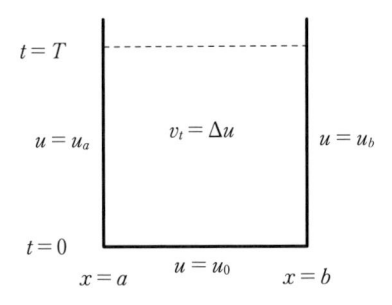

図 8.4 ディリクレ境界条件下での 1 次元熱方程式

8.3.2　各種の差分法

　初期値境界値問題 (8.10) を差分法で数値的に解くために，次のような格子を導入する（図 8.5）．自然数 I, $N \in \mathbf{N}$ と実数 $\Delta t > 0$ を与え，

$$x_i = a + i\Delta x \quad (i = 0, 1, \cdots, I)$$
$$t_n = n\Delta t \quad (n = 0, 1, \cdots, N \,;\, t_N \leq T)$$

とおく．ここで，$\Delta x := (b - a)/I$ である．以下では，格子点 $(x, t) = (x_i, t_n)$ における解 $u(x_i, t_n)$ の近似値を $u_i^{(n)}$ で表す．

　この近似解を次のような条件から定める．まず，初期条件より，

$$u_i^{(0)} := u_0(x_i) \quad (i = 0, 1, \cdots, I)$$

8.3 熱方程式に対する差分法

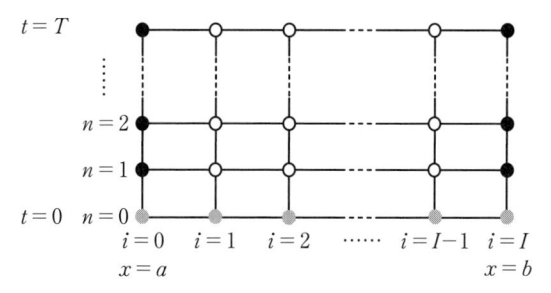

図 8.5 ディリクレ境界条件下での1次元熱方程式に対する格子．灰色の丸における値は初期条件で，黒丸における値は境界条件を使って与える．白丸における近似値は差分方程式を用いて計算する．

とおき，また境界条件より

$$u_0^{(n)} := u_a(t_n), \qquad u_I^{(n)} := u_b(t_n) \qquad (n = 0, 1, \cdots, N)$$

とおく．一方，$i = 1, 2, \cdots, I-1, n > 0$ を満たす点は領域の内点に対応するが，近似解を定めるためには，偏微分方程式 (8.10) を差分を用いて近似する必要がある．

偏微分方程式 (8.10) を差分化するために，空間変数 x についての2階偏微分を，中点差分 (8.2) を用いて

$$u_{xx}(x_i, t_n) \simeq \Delta_h u_i^{(n)} := \frac{u_{i+1}^{(n)} - 2u_i^{(n)} + u_{i-1}^{(n)}}{\Delta x^2} \qquad (8.11)$$

で近似する．

時間変数 t についての偏微分は，前進差分，後退差分，両方の平均のどれを採用するかによって，以下の3種類の差分化が考えられる．

時刻前進差分法　　熱方程式 (8.9) を

$$\frac{u_i^{(n+1)} - u_i^{(n)}}{\Delta t} = \Delta_h u_i^{(n)} \qquad (8.12)$$

で差分近似したものを**時刻前進差分法**という．(8.11) を用いて (8.12) を変形すると

$$u_i^{(n+1)} = u_i^{(n)} + r\{u_{i-1}^{(n)} - 2u_i^{(n)} + u_{i+1}^{(n)}\} \qquad (8.13)$$

となる．ただし，

第 8 章　偏微分方程式

$$r := \frac{\Delta t}{\Delta x^2} \tag{8.14}$$

であり，これは数値解法の誤差や安定性とも関係する重要な量である．

境界条件より，時刻前進差分法は

$$\begin{cases} u_1^{(n+1)} = u_1^{(n)} + r\{-2u_1^{(n)} + ru_2^{(n)}\} + ru_a(t_n) \\ u_i^{(n+1)} = u_i^{(n)} + r\{u_{i-1}^{(n)} - 2u_i^{(n)} + u_{i+1}^{(n)}\} & (i = 2, 3, \cdots, I-2) \\ u_{I-1}^{(n+1)} = u_{I-1}^{(n)} + r\{u_{I-2}^{(n)} - 2u_{I-1}^{(n)}\} + ru_b(t_n) \end{cases}$$

と表され，単位行列 I と対称行列

$$D := \begin{pmatrix} -2 & 1 & & & \\ 1 & -2 & 1 & & \\ & \ddots & \ddots & \ddots & \\ & & 1 & -2 & 1 \\ & & & 1 & -2 \end{pmatrix} \tag{8.15}$$

および，ベクトル

$$\boldsymbol{u}^{(n)} := \begin{pmatrix} u_1^{(n)} \\ u_2^{(n)} \\ \vdots \\ u_{I-2}^{(n)} \\ u_{I-1}^{(n)} \end{pmatrix}, \quad \boldsymbol{b}^{(n)} := \begin{pmatrix} u_a(t_n) \\ 0 \\ \vdots \\ 0 \\ u_b(t_n) \end{pmatrix} \tag{8.16}$$

を用いると，次の形に書き直せる．

―― 時刻前進差分法 ――――――――――――――――――
$$\boldsymbol{u}^{(n+1)} = (I + rD)\boldsymbol{u}^{(n)} + r\boldsymbol{b}^{(n+1)} \qquad (n = 0, 1, \cdots, N-1)$$

時刻前進差分法では，$t = t_n$ における $u_i^{(n)}$ の値がわかれば，$u_i^{(n+1)}$ が直ちに計算できる．連立 1 次方程式を解く必要はなく，単純な計算のみで $u_i^{(n+1)}$ の値を求めることができる（図 8.6 の左図を参照）．このような解法を **陽解法** という．時刻前進差分法は 3 つの方法の中で最も簡単な方法であるが，後で述べるように，安定性に制約がつくという欠点がある．

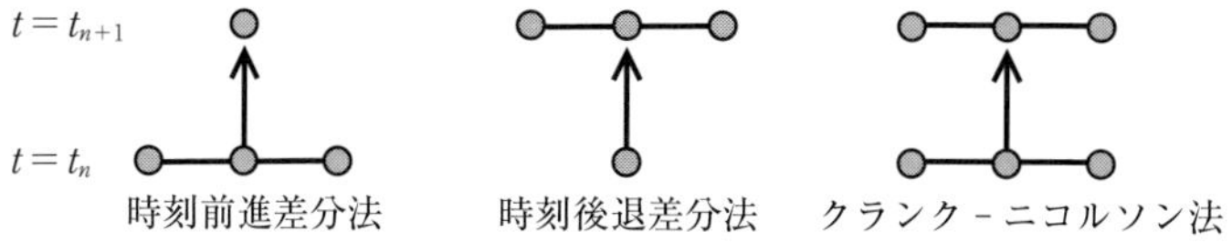

8.3 熱方程式に対する差分法

図 **8.6** 1 次元熱方程式のステンシル

時刻後退差分法　熱方程式 (8.9) を

$$\frac{u_i^{(n+1)} - u_i^{(n)}}{\Delta t} = \Delta_h\, u_i^{(n+1)} \tag{8.17}$$

で差分近似したものを**時刻後退差分法**といい，(8.11) と (8.14) を用いて (8.17) を変形すると

$$u_i^{(n+1)} - r\{u_{i-1}^{(n+1)} - 2u_i^{(n+1)} + u_{i+1}^{(n+1)}\} = u_i^{(n)} \tag{8.18}$$

となる．これより，時刻後退差分法は連立 1 次方程式

$$\begin{cases} u_1^{(n+1)} - r\{-2u_1^{(n+1)} + u_2^{(n+1)}\} = u_1^{(n)} + r u_a(t_{n+1}) \\ u_i^{(n+1)} - r\{u_{i-1}^{(n+1)} - 2u_i^{(n+1)} + u_{i+1}^{(n+1)}\} = u_i^{(n)} \quad (i = 2, 3, \cdots, I-2) \\ u_{I-1}^{(n+1)} - r\{u_{I-2}^{(n+1)} - 2u_{I-1}^{(n+1)}\} = u_{I-1}^{(n)} + r u_b(t_{n+1}) \end{cases}$$

を解けばよく，行列とベクトルを用いると，時刻後退差分法は次のような形に表せる．ただし，D は (8.15) で与えられた対称行列であり，$\boldsymbol{u}^{(n)}$, $\boldsymbol{b}^{(n)}$ は (8.16) で定義されたベクトルである．

―**時刻後退差分法**―――――――――――
$$(I - rD)\boldsymbol{u}^{(n+1)} = \boldsymbol{u}^{(n)} + r\boldsymbol{b}^{(n+1)} \qquad (n = 0, 1, \cdots, N-1)$$
――――――――――――――――――――

$I - rD$ は優対角行列であるから正則である（4.4.2 項の補題 4.1 参照）．したがって，各時間ステップごとに連立 1 次方程式が一意的に解けて，$\boldsymbol{u}^{(n)}$ の値から $\boldsymbol{u}^{(n+1)}$ が一意に決まる．このような解法を**陰解法**という．

クランク－ニコルソン法　熱方程式 (8.9) を

$$\frac{u_i^{(n+1)} - u_i^{(n)}}{\Delta t} = \frac{1}{2}\{\Delta_h\, u_i^{(n)} + \Delta_h\, u_i^{(n+1)}\} \tag{8.19}$$

で差分近似したものを**クランク－ニコルソン法**という．(8.11) と (8.14) を

用いて (8.19) を変形すると

$$u_i^{(n+1)} - \frac{r}{2}\{u_{i-1}^{(n+1)} - 2u_i^{(n+1)} + u_{i+1}^{(n+1)}\} = u_i^{(n)} + \frac{r}{2}\{u_{i-1}^{(n)} - 2u_i^{(n)} + u_{i+1}^{(n)}\}$$

となる．これより，クランク‐ニコルソン法は連立 1 次方程式

$$\begin{cases} u_1^{(n+1)} - \dfrac{r}{2}\{-2u_1^{(n+1)} + u_2^{(n+1)}\} \\ \quad = u_1^{(n)} + \dfrac{r}{2}\{-2u_1^{(n)} + u_2^{(n)}\} + \dfrac{r}{2}\{u_a(t_{n+1}) + u_a(t_n)\} \\ u_i^{(n+1)} - \dfrac{r}{2}\{u_{i-1}^{(n+1)} - 2u_i^{(n+1)} + u_{i+1}^{(n+1)}\} \\ \quad = u_i^{(n)} + \dfrac{r}{2}\{u_{i-1}^{(n)} - 2u_i^{(n)} + u_{i+1}^{(n)}\} \quad (i = 2, 3, \cdots, I-2) \\ u_1^{(n+1)} - \dfrac{r}{2}\{u_{I-2}^{(n+1)} - 2u_{I-1}^{(n+1)}\} \\ \quad = u_{I-1}^{(n)} + \dfrac{r}{2}\{u_{I-2}^{(n)} - 2u_{I-1}^{(n)}\} + \dfrac{r}{2}\{u_b(t_{n+1}) + u_b(t_n)\} \end{cases}$$

を解けばよく，行列とベクトルを用いると，次のような形に表せる．

クランク‐ニコルソン法

$$\left(I - \frac{r}{2}D\right)\boldsymbol{u}^{(n+1)} = \left(I + \frac{r}{2}D\right)\boldsymbol{u}^{(n)} + \frac{r}{2}(\boldsymbol{b}^{(n)} + \boldsymbol{b}^{(n+1)})$$

$$(n = 0, 1, \cdots, N-1)$$

上記の 3 つの方法について，$t = t_n$ と $t = t_{n+1}$ における差分解の関係を図 8.6 に示した．例えば，時刻前進差分法では，$t = t_n$ における 3 つの差分解から $t = t_{n+1}$ での 1 つの差分解が決定されることを表している．このような図を差分法の**ステンシル**という．

8.3.3 3 つの方法の比較

時刻前進差分法，時刻後退差分法，およびクランク‐ニコルソン法を同じ問題に適用し，比較してみよう．

例題 8.3

1次元熱方程式 (8.10) に対し，計算領域を $-1 < x < 1$, $0 < t \le T = 0.5$ とする．ディリクレ境界条件を

$$u_a(t) = u(-1, t) = 0, \qquad u_b(t) = u(1, t) = 0$$

とし，初期関数を

$$u(x, 0) = u_0(x) = \sin \frac{(x+1)\pi}{2}$$

とおくと，(8.10) の解は

$$u(x, t) = e^{-\pi^2 t/4} \sin \frac{(x+1)\pi}{2}$$

で与えられる．このとき，$r = \Delta t / \Delta x^2$ の値を指定して，(8.10) を各種の数値解法で解き，計算終了時刻 $t_N = T = 0.5$ での数値解のグラフや計算誤差

$$\mathrm{e}(I) = \frac{\max_{0 \le i \le I} |u_i^N - u(x_i, T)|}{\max_{0 \le i \le I} |u(x_i, T)|}$$

を計算せよ．

【解】 計算の結果を図 8.7 に示す．(a) の計算例は，時刻前進差分法に関するものである．この方法は単純であるが，Δt を Δx に比べて大きい（具体的には $r = \Delta t / \Delta x^2 > 1/2$）とすると，(b) のように数値的な不安定性が生じる．そのため，時刻前進差分法では Δt を小さくとる必要があり，長い時間の計算では計算量が増えるという欠点がある．一方，(c) の時刻後退差分法では数値的に安定な計算ができている．

次に，r の値を指定して，$I = 2/\Delta x$ の値を変えたときの誤差 $\mathrm{e}(I)$ の値を示す．$r = 0.4$ のとき

分割数 I	時刻前進差分法	時刻後退差分法	クランク－ニコルソン法
100	1.42072×10^{-4}	3.44943×10^{-4}	1.01454×10^{-4}
200	3.55148×10^{-5}	8.62446×10^{-5}	2.53661×10^{-5}
400	8.87850×10^{-6}	2.15617×10^{-5}	6.34167×10^{-6}

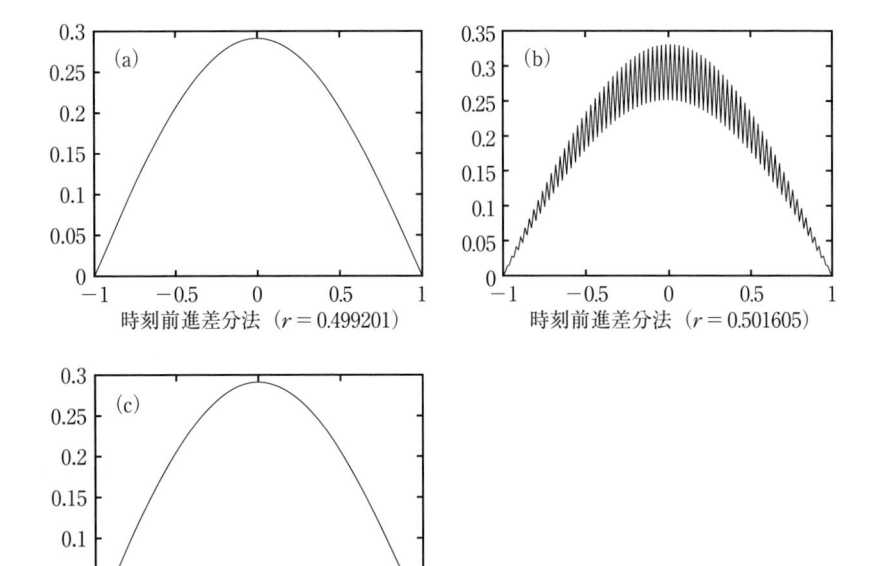

図 8.7 $t = 0.5$ での数値解

(a) 時刻前進差分法 ($r = 0.499201$)

(b) 時刻前進差分法 ($r = 0.501605$)

(c) 時刻後退差分法 ($r = 0.501605$)

$r = 1$ のとき

分割数 I	時刻後退差分法	クランク‐ニコルソン法
100	7.10591×10^{-4}	1.01451×10^{-4}
200	1.77588×10^{-4}	2.53659×10^{-5}
400	4.43934×10^{-6}	6.34167×10^{-6}

$r = 10$ のとき

分割数 I	時刻後退差分法	クランク‐ニコルソン法
100	6.21721×10^{-3}	9.21882×10^{-5}
200	1.54911×10^{-3}	2.47907×10^{-5}
400	3.86954×10^{-4}	6.30578×10^{-6}

これらの結果から，次のことが観測される．

(i) 3つの方法のいずれも，誤差はほぼ I^2 に反比例（すなわち，Δx^2 にほぼ比例）する．

(ⅱ) r が小さい方が誤差が小さい．これは，r が小さければ Δt が小さくなることから，当然の結果といえよう．

(ⅲ) 3つの方法を比べると，クランク–ニコルソン法の誤差が最も小さい．

□

8.3.4 ノイマン境界条件

これまでは，境界条件として，解 $u(x,t)$ の境界値を与えるディリクレ境界条件を考えてきたが，他の境界条件として，境界における解の微分係数の値を指定する**ノイマン境界条件**はよく用いられる．ノイマン境界条件を課した1次元熱方程式の数値解法を考えると，問題は次のように定式化される．

問題 D

関数 $n_a : (0, T] \to \mathbf{R}$ と $n_b : (0, T] \to \mathbf{R}$ が与えられたとき，
$$\begin{cases} u_t = u_{xx}, & (x,t) \in (a,b) \times (0,T] \\ u_x(a,t) = n_a(t), \quad u_x(b,t) = n_b(t), & t \in (0,T] \\ u(x,0) = u_0(x), & x \in (a,b) \end{cases}$$
を満たす関数 $u : (a,b) \times (0,T] \to \mathbf{R}$ を求めよ．

ノイマン境界条件を差分法で扱う場合，**仮想格子**を導入するのが一般的である．それは，図8.8に示すように，計算領域 $[a,b]$ の両側の境界の外に仮想的に設定する格子点を含んでいる．すなわち，与えられた自然数 $I \in \mathbf{N}$ に対して，空間 $x \in [a,b]$ に対応する格子を

$$x_i = a + i\,\Delta x \quad (i = -1, 0, 1, \cdots, I, I+1), \qquad \Delta x = \frac{b-a}{I}$$

とする．ここで x_{-1} と x_{I+1} が仮想格子に対応する．

仮想格子における数値解は境界条件から決めるが，

$$\frac{u_1^{(n)} - u_{-1}^{(n)}}{2\Delta x} \simeq u_x(a, t_n) = n_a(t_n)$$

であることから，

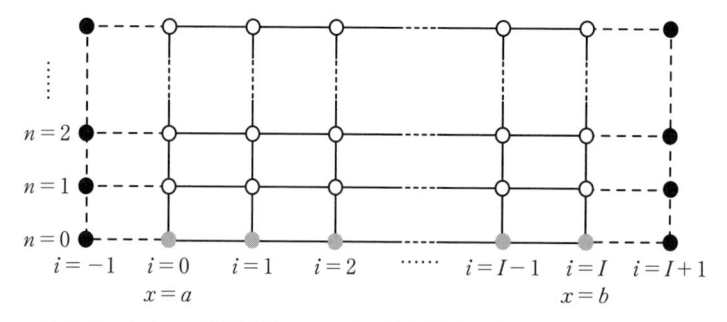

図 8.8 ノイマン境界条件での1次元熱方程式に対する格子．灰色の丸における値は初期条件で，仮想格子である黒丸では境界条件を使って値を決定する．白丸における近似値は差分方程式を用いて計算する．

$$\begin{cases} u_{-1}^{(n)} = u_1^{(n)} - 2n_a(t_n)\,\Delta x \\ u_{I+1}^{(n)} = u_{I-1}^{(n)} + 2n_b(t_n)\,\Delta x \end{cases} \tag{8.20}$$

とするのが自然である．これを用いて，熱方程式から得られる差分方程式を $i = 0, 1, \cdots, I$ の範囲で解く．

なお，ディリクレ境界条件のときは，$i = 1, 2, \cdots, I-1$ の範囲で差分方程式を解いたので，ノイマン境界条件の場合，解くべき範囲が2つ増えていることになる．

まず，時刻前進差分法を使う場合を考察する．$i = 1, 2, \cdots, I-1$ については以前と同じ式 (8.13) を用いればよい．$i = 0$ については，(8.13) で $i = 0$ と置いた式に (8.20) を代入して，

$$\begin{aligned} u_0^{(n+1)} &= u_0^{(n)} + r\{u_{-1}^{(n)} - 2u_0^{(n)} + u_1^{(n)}\} \\ &= u_0^{(n)} + r\{u_1^{(n)} - 2n_a(t_n)\,\Delta x - 2u_0^{(n)} + u_1^{(n)}\} \\ &= u_0^{(n)} + 2r\{-u_0^{(n)} + u_1^{(n)}\} - 2r\,n_a(t_n)\,\Delta x \end{aligned}$$

を得る．$i = I$ についても同様にして，

$$\begin{aligned} u_I^{(n+1)} &= u_I^{(n)} + r\{u_{I-1}^{(n)} - 2u_I^{(n)} + u_{I+1}^{(n)}\} \\ &= u_I^{(n)} + r\{u_{I-1}^{(n)} - 2u_I^{(n)} + u_{I-1}^{(n)} + 2r\,n_b(t_n)\,\Delta x\} \\ &= u_0^{(n)} + 2r\{u_{I-1}^{(n)} - u_I^{(n)}\} + 2r\,n_b(t_n)\,\Delta x \end{aligned}$$

を得る．

8.3 熱方程式に対する差分法

以上より，ノイマン境界問題に対する時刻前進差分法は，ディリクレ境界問題と見かけ上は同じ形式で

$$\widehat{\boldsymbol{u}}^{(n+1)} = (I + rD)\widehat{\boldsymbol{u}}^{(n)} + r\Delta\widehat{\boldsymbol{b}}^{(n+1)}$$

と表すことができる．ただし，

$$\widehat{\boldsymbol{u}}^{(n)} := \begin{pmatrix} \frac{1}{2}u_0^{(n)} \\ u_1^{(n)} \\ \vdots \\ u_{I-1}^{(n)} \\ \frac{1}{2}u_I^{(n)} \end{pmatrix}, \quad \widehat{\boldsymbol{b}}^{(n)} := \begin{pmatrix} -n_a(t_n) \\ 0 \\ \vdots \\ 0 \\ n_b(t_n) \end{pmatrix}$$

であり，単位行列 I と対角行列 D はディリクレ境界問題よりサイズが 2 だけ大きいことに注意する．

時刻後退差分法の場合は (8.18) で $i = 0$ とおいた式

$$u_0^{(n+1)} - r\{u_{-1}^{(n+1)} - 2u_0^{(n+1)} + u_1^{(n+1)}\} = u_0^{(n)}$$

に (8.20) を代入して，

$$\begin{aligned}
&u_0^{(n+1)} - r\{u_{-1}^{(n+1)} - 2u_0^{(n+1)} + u_1^{(n+1)}\} \\
&= u_0^{(n+1)} - r\{u_1^{(n+1)} - 2n_a(t_{n+1})\Delta x - 2u_0^{(n+1)} + u_1^{(n+1)}\} \\
&= u_0^{(n+1)} - 2r\{-u_0^{(n+1)} + u_1^{(n+1)}\} + 2n_a(t_{n+1})\Delta x \\
&= u_0^{(n)}
\end{aligned}$$

を得る．$i = I$ についても同様に，

$$\begin{aligned}
&u_I^{(n+1)} - r\{u_{I-1}^{(n+1)} - 2u_I^{(n+1)} + u_{I+1}^{(n+1)}\} \\
&= u_I^{(n+1)} - r\{u_{I-1}^{(n+1)} - 2u_I^{(n+1)} + u_{I-1}^{(n+1)} + 2n_b(t_{n+1})\Delta x\} \\
&= u_I^{(n+1)} - 2r\{u_{I-1}^{(n+1)} - u_I^{(n+1)}\} + 2n_b(t_{n+1})\Delta x \\
&= u_I^{(n)}
\end{aligned}$$

となる．したがって，時刻後退差分法は連立 1 次方程式

$$(I - rD)\widehat{\boldsymbol{u}}^{(n+1)} = \widehat{\boldsymbol{u}}^{(n)} + r\Delta x\,\widehat{\boldsymbol{b}}^{(n+1)}$$

の形に書ける．

同様に，クランク–ニコルソン法は

$$\left(I - \frac{r}{2}D\right)\widehat{\boldsymbol{u}}^{(n+1)} = \left(I + \frac{r}{2}D\right)\widehat{\boldsymbol{u}}^{(n)} + \frac{r}{2}\Delta x\{\widehat{\boldsymbol{b}}^{(n)} + \widehat{\boldsymbol{b}}^{(n+1)}\}$$

と表される．

8.4　差分法の安定性

8.4.1　安定性解析のための準備

　第 7 章の常微分方程式の数値解法では，時間ステップ Δt の値によっては，数値解が振動して意味のない計算結果を出すことがあった．同じ問題は熱方程式の差分解法でも起こりうる．本節で差分法の安定性について議論するが，格子間隔 Δx, Δt で得られる数 $r = \Delta t / \Delta x^2$ が $1/2$ を超えたときに，数値的な不安定性が生じることを予め指摘しておく．

　安定性を検討するため，次の補題が必要になる．

補題 8.2　m 次正方行列

$$M = \begin{pmatrix} a & b & & & \\ b & a & b & & \\ & \ddots & \ddots & \ddots & \\ & & b & a & b \\ & & & b & a \end{pmatrix}$$

の固有値は

$$\lambda_k = a + 2b \cos \frac{k\pi}{m+1} \quad (k = 1, 2, \cdots, m)$$

で与えられる．

【証明】　天下り的ではあるが，

$$v_j = \sin\left(\frac{jk\pi}{m+1}\right) \quad (j = 1, 2, \cdots, m)$$

とおくと，ベクトル $\boldsymbol{v} = (v_1, v_2, \cdots, v_m)^T$ は固有値 λ_k に対応する固有ベクトルとなる．実際，$M\boldsymbol{v}$ の第 j 成分を計算すると

8.4 差分法の安定性

$$b \sin\left(\frac{(j-1)k\pi}{m+1}\right) + a \sin\left(\frac{jk\pi}{m+1}\right) + b \sin\left(\frac{(j+1)k\pi}{m+1}\right)$$

$$= b\left\{\sin\left(\frac{jk\pi}{m+1}\right)\cos\left(\frac{k\pi}{m+1}\right) - \cos\left(\frac{jk\pi}{m+1}\right)\sin\left(\frac{k\pi}{m+1}\right)\right\}$$

$$+ a \sin\left(\frac{jk\pi}{m+1}\right)$$

$$+ b\left\{\sin\left(\frac{jk\pi}{m+1}\right)\cos\left(\frac{k\pi}{m+1}\right) + \cos\left(\frac{jk\pi}{m+1}\right)\sin\left(\frac{k\pi}{m+1}\right)\right\}$$

$$= \left\{a + 2b\cos\left(\frac{k\pi}{m+1}\right)\right\}\sin\left(\frac{jk\pi}{m+1}\right)$$

$$= \lambda_k v_j$$

となり，$\boldsymbol{v}$ が固有値 λ_k に対応する固有ベクトルであることがわかる．

$b \neq 0$ ならば，$k = 1, 2, \cdots, m$ に対して λ_k はすべて異なるから，これらが M の固有値を与える．なお，$b = 0$ の場合は，a が m 重の固有値であることは明らかである． □

補題 8.3 補題 8.2 で与えられた m 次正方行列 M に対して，以下が成立する．

（ⅰ） $|\lambda| > 1$ となる M の固有値 λ が存在すれば，$\lim_{n \to \infty} \|M^n \boldsymbol{x}\| = \infty$ となるベクトル $\boldsymbol{x} \in \mathbf{R}^m$ が存在する．

（ⅱ） M のすべての固有値の絶対値が 1 以下であれば，任意のベクトル $\boldsymbol{x}$ に対して $\{\|M^n \boldsymbol{x}\| : n \in \mathbf{N}\}$ は有界である．

【証明】 M は実対称行列であるから，すべての固有値は実数であり，直交行列を用いて M を対角化できて，この直交行列の各列は固有ベクトルとなることを思い出そう（5.1.1 項参照）．すなわち，M の固有値を $\lambda_1, \lambda_2, \cdots, \lambda_m$ とすると，これらはすべて実数で，対応する固有ベクトル $\boldsymbol{v}_1, \boldsymbol{v}_2, \cdots, \boldsymbol{v}_m$ を互いに直交するように選ぶことができる．

まず，（ⅰ）を示す．一般性を失うことなく $|\lambda_1| > 1$ であると仮定すると，

$$M^n \boldsymbol{v}_1 = \lambda_1 M^{n-1}\boldsymbol{v}_1 = \lambda_1{}^2 M^{n-2}\boldsymbol{v}_1 = \cdots = \lambda_1{}^n \boldsymbol{v}_1 \qquad (n = 0, 1, 2, \cdots)$$

である．ここで $\boldsymbol{v}_1 \neq \boldsymbol{0}$ であるから，

$$\|M^n \boldsymbol{v}_1\| = |\lambda_1|^n \|\boldsymbol{v}_1\| \to \infty \qquad (n \to \infty)$$

を得る．したがって，$\boldsymbol{x} = \boldsymbol{v}_1$ とすれば（ⅰ）が成り立つ．

次に，（ⅱ）を示す．固有ベクトル $\boldsymbol{v}_1, \boldsymbol{v}_2, \cdots, \boldsymbol{v}_m$ は 1 次独立であるから，任意のベクトル $\boldsymbol{x}$ に対して，

$$\boldsymbol{x} = c_1 \boldsymbol{v}_1 + c_2 \boldsymbol{v}_2 + \cdots + c_m \boldsymbol{v}_m$$

となる定数 $c_1, c_2, \cdots, c_m$ をとることができる．このとき

$$\|M^n \boldsymbol{x}\| = \left\|\sum_{l=1}^{n} c_l M^n \boldsymbol{v}_l\right\| \leq \sum_{l=1}^{m} |c_l| \|M^n \boldsymbol{v}_l\| = \sum_{l=1}^{m} |c_l| |\lambda_l|^n \|\boldsymbol{v}_l\|$$

と計算できる．ここで，仮定より $|\lambda_l| \leq 1$ であるから，$|\lambda_l|^n$ は有界である．したがって，$\|M^n \boldsymbol{x}\|$ も有界となる． □

8.4.2 安定性

以上の性質をもとに，数値解法の安定性について調べよう．一般的に，数値解法が実対称行列 M とベクトル $\{\boldsymbol{c}_k\}(k = 0, 1, 2, \cdots)$ を用いて

$$\boldsymbol{x}_{k+1} = M \boldsymbol{x}_k + \boldsymbol{c}_k \tag{8.21}$$

と表せたとする．異なる初期値 $\tilde{\boldsymbol{x}}_0$ から得られる近似解を

$$\tilde{\boldsymbol{x}}_{k+1} = M \tilde{\boldsymbol{x}}_k + \boldsymbol{c}_k \qquad (k = 0, 1, 2, \cdots)$$

で計算し，この 2 式の差をとると

$$\tilde{\boldsymbol{x}}_{k+1} - \boldsymbol{x}_{k+1} = M(\tilde{\boldsymbol{x}}_k - \boldsymbol{x}_k)$$

である．これより

$$\tilde{\boldsymbol{x}}_k - \boldsymbol{x}_k = M^k (\tilde{\boldsymbol{x}}_0 - \boldsymbol{x}_0)$$

が得られる．

ここでもし，M に絶対値が 1 より大きな固有値が存在すれば，補題 8.3（ⅰ）より，$\|\tilde{\boldsymbol{x}}_k - \boldsymbol{x}_k\|$ が $k \to \infty$ のときに（初期値によっては）発散する．言い換えれば，誤差が徐々に拡大することになり，その結果，数値解法が不安定となってしまう．そこで，数値解法の安定性を以下のように定義する．

8.4 差分法の安定性

定義 8.4 数値解法 (8.21) が**安定**であるとは，行列 M のすべての固有値の絶対値が 1 以下となることをいう．

以下では，1 次元のディリクレ境界条件下での熱方程式の数値解法の安定性を議論するが，ノイマン境界条件でもまったく同じである．時刻前進差分法は (8.21) において $M = I + rD$ の場合である．すると，その固有値は補題 8.2 より，

$$\lambda_k = 1 - 2r + 2r \cos \frac{k\pi}{I} = 1 - 4r \sin^2 \frac{k\pi}{2I} \quad (k = 1, 2, \cdots, I-1)$$

である．したがって，

$$|\lambda_k| \leq 1 \iff -1 \leq 1 - 4r \sin^2 \frac{k\pi}{2I} \leq 1 \iff r \leq \frac{1}{2}$$

であるので，$r \leq 1/2$ すなわち

$$\Delta t \leq \frac{1}{2} \Delta x^2$$

が安定条件となる．実際，図 8.7 の数値計算の結果を見ると，r の値が 0.5 を超えると数値的不安定性によって解の滑らかさが失われている．

次に，時刻後退差分法は (8.21) において $M = (I - rD)^{-1}$ の場合である．$I - rD$ の固有値 λ は補題 8.2 より，

$$\lambda_k = 1 + 2r + 2r \cos \frac{k\pi}{I} = 1 + 4r \sin^2 \frac{k\pi}{2I} \geq 1 \quad (k = 1, 2, \cdots, I-1)$$

である．すると $M = (I - rD)^{-1}$ も実対称行列で，その固有値は λ_k^{-1} で与えられる (5.3 節参照) から，すべての固有値について $|\lambda_k^{-1}| \leq 1$ が成立する．

したがって，時刻後退差分法は常に安定（**無条件安定**という）である．図 8.7 に示す数値計算の結果を見ても，時刻前進差分法とは異なり，大きな r の値に対しても数値的に安定な計算ができている．

同様にして，クランク–ニコルソン法も無条件安定であることがわかる．ただし，実際に計算すると，本来の解には現れない振動を起こすことがある．

図 8.9 は，1 次元熱方程式 (8.10) に対し，計算領域は $-1 < x < 1$，初期

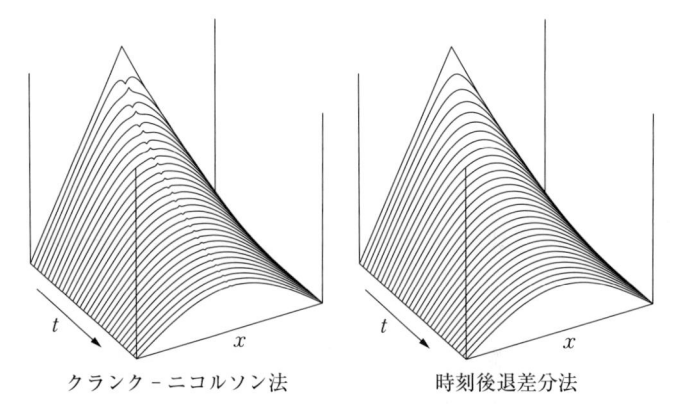

図 8.9 $r = 44.66667$, $I = 100$ としたときの $-1 < x < 1$, $0 < t < 0.5$ に対する数値解．振動が見えやすくなるように，軸のスケールを調整してある．

関数は $u_0(x) = 1 - |x|$ とし，ディリクレ境界条件
$$u(-1, t) = 0, \qquad u(1, t) = 0$$
を課して計算した結果である．クランク‐ニコルソン法では $x = 0$ 付近で実際にはない解の振動が現れている．なお，この振動は $r > 0.5$ のときに生じるといわれており，同じ条件の下で時刻後退差分法で計算すると，このような振動は生じない．

参 考 文 献

参考文献について，いくつか注意を述べておく．

まず，数学的な内容として，本文中で線形代数[1]，ルジャンドル多項式[2]，常微分方程式[3]に関する結果を参考にした．

数値計算に関する和書は少なくないが，数学的にきちんとした議論がなされている本として[4]〜[6]をあげておく．偏微分方程式の数値解法は，扱う方程式によって手法が異なるが，本書で扱わなかったタイプの偏微分方程式については，[7]〜[9]をご覧頂きたい．また，本書で触れることのできなかった有限要素法と境界要素法については[10]〜[12]が詳しい．

数値計算のためのプログラムには，C, FORTRAN, BASIC, PASCALなどの言語が用いられるが，これらのプログラミング言語の詳細については，それぞれ専門の図書が数多く出版されている．数値計算のためのプログラミングには，FORTRAN[13]〜[15]，C#[16]，C[17]によるプログラム例を参考にして頂きたい．

[1] 齋藤正彦：『基礎数学1 線型代数入門』，東京大学出版会，1966．

[2] 梅沢敏夫，富樫 栄：『やさしい微分方程式』，培風館，1986．

[3] 柳田英二，栄 伸一郎：『講座 数学の考え方〈7〉常微分方程式論』，朝倉書店，2002．

[4] 山本哲朗：『数値解析入門［増訂版］』，サイエンス社，2003．

[5] 杉原正顯，室田一雄：『数値計算法の数理』，岩波書店，2003．

[6] 齊藤宣一：『大学数学の入門9 数値解析入門』，東京大学出版会，2012．

[7] 田端正久：『偏微分方程式の数値解析』，岩波書店，2010．

[8] 山崎郭滋：『偏微分方程式の数値解法入門』，森北出版，1993．

[9] 高橋大輔：『理工系の基礎数学8 数値計算』，岩波書店，1996．

[10] 大塚厚二，高石武史：『シリーズ応用数理 第4巻 有限要素法で学ぶ現象と数理』，日本応用数理学会，2014．
[11] 菊地文雄：『有限要素法概説［新訂版］』，サイエンス社，1999．
[12] 神谷紀生：『有限要素法と境界要素法』，サイエンス社，1982．
[13] 森 正武：『FORTRAN77 数値計算プログラミング』，岩波書店，1987．
[14] 金子 晃：『数値計算講義』，サイエンス社，2009．
[15] 川上一郎：『数値計算』，岩波書店，1989．
[16] 三上直樹：『理系のための「C#」プログラミング』，工学社，2012．
[17] 皆本晃弥：『C言語による数値計算入門－解法・アルゴリズム・プログラム』，サイエンス社，2005．

後 書 き

　この『理工系の数理』シリーズは，数学を専門とする者と数学を応用する者が協同して執筆するという点が特色である．シリーズの一つとして，今回，『数値計算』の出版企画が進められた．数値解析学を専門とする中木達幸氏（当時 広島大学）が中心となり，それに解析学の立場から柳田，コンピュータを用いるユーザーの立場から三村が著者として加わったわけであるが，出版までかなりの年月が経ってしまった．

　その理由は，著者たちの当時の所属大学が広島，仙台，そして東京と離れていたことから密に連絡が取れなかったことも一因であるが，一番大きな理由は，我々の中で最も若い中木氏が，2011年9月に突然亡くなったことである．三村は亡くなる2週間前に彼と会って原稿の進み具合を話し合ったところであったので，この悲報を聞いても信じることができなかった．この思いがけない悲しい出来事により，我が国における応用数学分野のきらめく星が失われただけでなく，今回の出版企画も消えてしまうかと思われた．

　しかしながら，2011年12月に広島大学で中木氏追悼シンポジウムが行なわれた際に，中木氏の夫人と話す中で，彼は入院中もパソコンで原稿を書いていたということを伺い，彼の最後までやってきた努力を世に出さなければならないという思いが強くなった．そこで同夫人にお願いして，彼のパソコンを開いて原稿の部分を取り出して頂き，それをもとにして今回の出版までこぎつけたのである．

　中木氏は日頃から，「現象を記述する方程式はほとんどの場合，解析的には解けません．解けなければ諦めてしまえと考えるのは大変悲しいので，コンピュータを使って数値的に解くことから方程式を調べることをしています．コンピュータの前に座り，方程式の近似解を求め，アニメーションで描き，その様子を眺めていると，ワクワクして食事や最終バスの時間を忘れて

しまうことも少なくありません」と言っていた．この書を通して，中木達幸氏の思いが読者に伝われば幸いである．

柳田英二，三村昌泰

索 引

ア 行

アーバスの初期値　62
安定　182, 184, 223
　　――性　181
　　不――　182
　　無条件――　223
1次因子の組立除法　53
1次収束　18
1次方程式　72
一般解　157
陰解法　176, 213
上三角行列　87
打ち切り誤差　8
エイトケンの加速法　32
SOR法　99
n 次代数方程式　50
m 次収束　18
LU分解　88
オイラー定数　12
オイラー法　166
　　改良――　173, 193
重み　126

カ 行

開型積分公式　132
改良オイラー法　173, 193
ガウス型積分公式　131,

146, 150
ガウス-ザイデル法　98
ガウスの消去法　75
拡散係数　209
拡散方程式　198
拡大係数行列　78
仮想格子　217
加速　31
　　――パラメータ　99
　　エイトケンの――法
　　　32
完全ピボット法　83
刻み幅　164
逆行列　68
逆べき乗法　122
求積法　159
境界条件　201
　　ディリクレ――　201
　　ノイマン――　217
境界要素法　198
行列　66
　　――式　69
　　上三角――　87
　　拡大係数――　78
　　係数――　72
　　座標回転――　113
　　三角――　94
　　下三角――　87

実――　66
実対称――　109
正方――　67
零――　67
対角――　67
単位――　67
直交――　111
転置――　66
反復――　95
ファン・デル・モンドの
　　――　128
変換――　109
優対角――　84
局所解　162
局所離散化誤差　168
区間縮小法　16
クッタの1/8法　175, 194
クラーメルの公式　73
クランク-ニコルソン法
　213
係数行列　72
　　拡大――　78
桁落ち　9, 51
公式の次数　126
後進過程　75, 79
後退差分商　199
誤差　7
　　――関数　125

――限界　8
　　――の伝播　10
　　打ち切り――　8
　　局所離散化――　168
　　絶対――　7
　　相対――　7
　　大域離散化――　168
　　丸め――　8
コーシーの定理　162
コーシー列　46
固有多項式　108
固有値　108
　　――問題　108
　　　支配的――　118
固有ベクトル　108
　　　支配的――　119
固有方程式　108

サ 行

座標回転行列　113
差分法　198
三角行列　94
残差　101
　　――ベクトル　101
時間発展問題　209
時刻後退差分法　213
時刻前進差分法　211
次数　168
下三角行列　87
実行列　66
実数型　6
実対称行列　109

支配的固有値　118
支配的固有ベクトル　119
修正子　180
　予測子――法　180
縮小写像　45
小行列式　69
条件数　105
剰余項　164
初期条件　158
初期値　210
　　――問題　158
　　―‐境界値問題　210
　　アーバスの――　62
初等関数　124
自励系　160
シンプソンの公式　141
シンプソンの3/8公式　145
ステップ幅　164
ステンシル　214
スペクトル法　198
正規分布　125
整数型　6
正則　68
正方行列　67
積分公式　126
　　開型――　132
　　ガウス型――　131, 146, 150
　　ニュートン‐コーツ型
　　　　――　131
　　ブールの――　145

　　複合――　127
　　閉型――　136
絶対誤差　7
零行列　67
線形逆補間法　23
線形多段法　171, 176
前進過程　75, 78
前進差分商　199
双曲型　197
相似変換　109
相対誤差　7
疎行列　95

タ 行

大域解　162
大域離散化誤差　168
対角化　112
対角行列　67
　　優――　84
台形公式　137
代数学の基本定理　50
代入反復法　24
代入法　17, 24
楕円型　197
たすきがけの公式　70
縦ベクトル　66
多変数関数　196
単位行列　67
単純な零点　148
段数　176
逐次加速緩和法　99
逐次近似法　16

索　引

中間値の定理　19
中点公式　131
中点差分商　199
超越方程式　50
重複度　183
調和関数　197
直交　110
　──行列　111
DKA法　62
定数ベクトル　72
テイラー展開　164
テイラーの定理　38, 164
ディリクレ境界条件　201
デュラン-カーナー-アーバス法　62
デュラン-カーナー法　60
転置行列　66
特性方程式　108, 183

ナ　行

内積　110
2次因子の組立除法　56
2次元ニュートン法　41
2次のルンゲ-クッタ法　173, 193
2点境界値問題　201
二分法　20
ニュートン-コーツ型積分公式　131
ニュートン法　35
　2次元──　41
　複素──　51

熱方程式　198, 209
ノイマン境界条件　217
ノルム　103

ハ　行

掃き出し法　75
波動方程式　198
反復行列　95
非自励系　160
非正則　68
非線形方程式　16
非対角成分　67
微分積分学の基本定理　124
ピボット　82
　完全──法　83
　部分──法　82
不安定　182
ファン・デル・モンドの行列　128
複合積分公式　127
複素ニュートン法　51
浮動小数点表示　6
不動点　44
部分ピボット法　82
ブールの積分公式　145
分点　126
ベアストウ-ヒッチコック法　58
閉型積分公式　136
平均値の定理　27
べき乗法　120

逆──　122
変換関数　24
変換行列　109
変換写像　44
偏導関数　196
偏微分方程式　197
ポアソン方程式　201
ホイン法　173, 193
放物型　197
補間　127
　──多項式　128

マ　行

マルサスの法則　157
丸め誤差　8
未知ベクトル　72
無条件安定　223

ヤ　行

ヤコビ法　97, 116
有限体積法　198
有限要素法　198
優対角行列　84
輸送方程式　197
余因子　69
　──展開　69
陽解法　176, 212
陽的な1段法　167
横ベクトル　66
4次のルンゲ-クッタ法　174, 175, 194
予測子　180

―― 修正子法　180

ラ 行

ラグランジュの多項式
　129, 178
ラグランジュの補間公式
　129
ラプラシアン　201

ラプラス作用素　201
ラプラス方程式　197
ランダウの記号　165
離散近似　163
リプシッツ条件　160
リプシッツ定数　160
ルジャンドルの多項式
　149

ルンゲ-クッタ法　171
　2次の――　173, 193
　4次の――　174, 175,
　　194
ルンゲの1/6法　175, 193
連立1次方程式　72
ロジスティック方程式
　158

著者略歴

柳田英二（やなぎだ えいじ）
- 1957年　富山県生まれ
- 1979年　東京大学工学部計数工学科卒業
- 1984年　東京大学工学系研究科計数工学専攻　博士課程修了
- 現在　東京工業大学大学院理工学研究科教授　工学博士

中木達幸（なかき たつゆき）
- 1959年　広島県生まれ
- 元　広島大学総合科学部教授　博士（理学）

三村昌泰（みむら まさやす）
- 1941年　香川県生まれ
- 1965年　京都大学工学部数理工学科卒業
- 1967年　京都大学大学院工学研究科数理工学専攻　博士課程単位取得退学
- 現在　明治大学先端数理科学インスティテュート所長　工学博士

理工系の数理　数　値　計　算

2014年10月25日　第1版1刷発行

検印省略

定価はカバーに表示してあります．

著作者	柳田英二　中木達幸　三村昌泰
発行者	吉野和浩
発行所	東京都千代田区四番町8-1 電話　03-3262-9166〜9 株式会社　裳華房
印刷所	中央印刷株式会社
製本所	牧製本印刷株式会社

社団法人 自然科学書協会会員

JCOPY 〈(社)出版者著作権管理機構　委託出版物〉
本書の無断複写は著作権法上での例外を除き禁じられています．複写される場合は，そのつど事前に，(社)出版者著作権管理機構（電話03-3513-6969, FAX 03-3513-6979, e-mail: info@jcopy.or.jp）の許諾を得てください．

ISBN 978-4-7853-1560-3

© 柳田英二，中木達幸，三村昌泰，2014　Printed in Japan

理工系の数理	薩摩順吉・藤原毅夫・三村昌泰・四ツ谷晶二 編集		
線形代数	永井敏隆・永井 敦 共著	本体 2200 円＋税	
微分積分＋微分方程式	川野・薩摩・四ツ谷 共著	本体 2700 円＋税	
複素解析	谷口健二・時弘哲治 共著	本体 2200 円＋税	
フーリエ解析＋偏微分方程式	藤原毅夫・栄伸一郎 共著	本体 2500 円＋税	

基礎から学べる 線形代数	船橋昭一・中馬悟朗 共著	本体 2200 円＋税
リメディアル 線形代数 －2次行列と図形からの導入－	桑村雅隆 著	本体 2400 円＋税
入門講義 線形代数	足立俊明・山岸正和 共著	本体 2500 円＋税
代数学1　－基礎編－	宮西正宜 著	本体 3400 円＋税
代数学2　－発展編－	宮西正宜 著	本体 4200 円＋税

微分積分入門	桑村雅隆 著	本体 2400 円＋税
入門講義 微分積分	吉村善一・岩下弘一 共著	本体 2500 円＋税
微分積分講義	南 和彦 著	本体 2600 円＋税
数学シリーズ 微分積分学	難波 誠 著	本体 2800 円＋税
微分積分読本　－1変数－	小林昭七 著	本体 2300 円＋税
続 微分積分読本　－多変数－	小林昭七 著	本体 2300 円＋税

常微分方程式とラプラス変換	齋藤誠慈 著	本体 2100 円＋税
微分方程式	長瀬道弘 著	本体 2300 円＋税
基礎解析学コース 微分方程式	矢野健太郎・石原 繁 共著	本体 1400 円＋税

新統計入門	小寺平治 著	本体 1900 円＋税
データ科学の数理 統計学講義	稲垣・吉田・山根・地道 共著	本体 2100 円＋税
数学シリーズ 数理統計学（改訂版）	稲垣宣生 著	本体 3600 円＋税

曲線と曲面 －微分幾何的アプローチ－	梅原雅顕・山田光太郎 共著	本体 2700 円＋税
曲線と曲面の微分幾何（改訂版）	小林昭七 著	本体 2600 円＋税

裳華房ホームページ　http://www.shokabo.co.jp/　　　2014 年 10 月現在